图1　普通油茶

图2　小果油茶

图3　越南油茶

图4　浙江红花油茶

图5　腾冲红花油茶

图6　攸县油茶

图7　长林40号

图8　长林4号

图9　长林53号

图10　岑软2号

图11　岑软3号

图12　岑软11号

图13　GLS赣州油1号

图14　赣无2果

图15　赣70果

图16　赣石84-8果

图17　赣兴48

图18　湘林1果

图19　湘林67果

图20　湘林27果

图21　华硕

图22　华鑫

图23　华金

油茶实用栽培技术

国家林业和草原局国有林场和种苗管理司
国 家 油 茶 科 学 中 心 ▣ 主编

中国林业出版社
CFPH China Forestry Publishing House

图书在版编目(CIP)数据

油茶实用栽培技术 / 国家林业和草原局国有林场和种苗管理司,国家油茶科学中心主编. --北京 : 中国林业出版社, 2018.12 (2022.9重印)
ISBN 978-7-5038-9925-6

Ⅰ. ①油… Ⅱ. ①姚… Ⅲ. ①油茶－栽培技术－手册 Ⅳ. ①S794.4-62

中国版本图书馆CIP数据核字(2018)第293305号

责任编辑 于界芬
电　　话 (010) 83143542

出　版 中国林业出版社
(100009 北京西城区德内大街刘海胡同 7 号)
网　址 www.lycb.forestry.gov.cn
发　行 中国林业出版社
印　刷 河北京平诚乾印刷有限公司
版　次 2018 年 12 月第 1 版
印　次 2022 年 9 月第 5 次
开　本 889mm×1194mm 1/32
印　张 2.25 彩插 4
字　数 80 千字
定　价 46.00 元

《油茶实用栽培技术》编辑委员会

目录

CONTENTS

第一章　主要物种与良种介绍

第三章 油茶栽培技术

第四章 主要病虫害防控技术

第一章
主要物种与良种介绍

油茶与油棕、油橄榄、椰子并称为世界“四大木本油料植物”。茶油色清味香，营养丰富，不饱和脂肪酸含量高，是理想的食用油；油茶副产品在工业、农业、医药等方面具有多种用途。发展油茶产业对于粮油安全、国民健康和人民生活有重大意义。

第一节　我国主要栽培物种

油茶广义上是指山茶科 (Theaceae) 山茶属（*Camellia*）植物中种子含油率较高、且有一定栽培面积的物种总称。我国油茶资源极为丰富，主要分布在长江流域及以南地区，大面积栽培的物种有 20 多种，包括普通油茶、小果油茶、越南油茶、浙江红花油茶、腾冲红花油茶、攸县油茶等。

一、普通油茶

普通油茶又名油茶、中果油茶等。普通油茶多于每年 9 月下旬至 11 月中旬开白色花，果于翌年 10 月上旬至 11 月上旬成熟，果皮中等，每果有种子 4~8 粒。该物种是我国目前栽培面积最大、栽培区域最广、适应性最强的油茶物种，栽培面积和产量处我国木本油料栽培物种的首位。目前选育的大部分油茶栽培良种都来自本物种。普通油茶适宜中东部区域海拔 800m 以下的低山丘陵区栽种，我国湖南、江西、广西、浙江、福建、安徽、湖北、贵州、重庆、陕西、四川、广东、云南、河南等地为其主要栽培区（彩图 1）。

二、小果油茶

小果油茶又名江西子、小茶子、鸡心子等。小果油茶每年10月下旬至11月中旬开白色花，果于翌年10月上旬成熟，果皮极薄，每果有1~3粒种子。小果油茶栽培面积和年产量在我国仅次于普通油茶。果实的出籽率和含油率较普通油茶高，但单位产量一般不及普通油茶，该物种品种改良研究相对滞后，目前只有通过省级认定的农家品种，尚无审定的无性系良种。当前小果油茶主要在福建、江西、安徽、浙江、广西、贵州、湖南等地栽培（彩图2）。

三、越南油茶

越南油茶又名大果油茶、华南油茶、高州油茶、陆川油茶。乔木，高4~8m。每年11月上旬至翌年元月开白花，10月底至11月初果成熟，朔果呈球形，中等大，直径4.6~6.0cm，平均果重38.0(25~140)g，最大达300g，果皮较普通油茶厚，一般在0.4~0.8cm。其主要特点是树体高大，枝叶茂密，单株产果量较高。但大小年明显。目前，越南油茶的栽种面积及产量处油茶栽培物种第三位，主要在广东和广西及海南三地种植（彩图3）。

四、浙江红花油茶

浙江红花油茶又名浙江红山茶。每年2月中旬至4月中旬开红花，果当年8月中旬至9月中旬成熟，果面光滑，花萼宿存，果皮较厚。浙江红花油茶适宜在海拔600~1200m的温暖湿润地区栽培。浙江红花油茶籽仁含油率及籽油油酸含量高于普通油茶，仁含油率比普通油茶高5%~10%，但目前尚无通过审认定的良种。目前，该物种主要在浙江、江西、福建等地种植发展（彩图4）。

五、腾冲红花油茶

腾冲红花油茶又名滇山茶、野山茶、红花油茶等。乔木，高达10m以上，每年12月至翌年4月开红花，花瓣粉红至深红，花径最大可达14cm。果大且壳厚，每果有种子4~16粒。腾冲红花油茶适于在海拔1600~2400m的高原地区栽培，一般播种后8~9年开花结果，15年进入盛果期，花成果率高，种仁含油率高，油质好，目前已有省级认定良种4个。该物种兼具观赏和油用双重功能，目前主要在云南中、西部种植发展（彩图5）。

六、攸县油茶

攸县油茶又名长瓣短柱茶、薄壳香油茶、野茶子。树体紧凑，枝条直立性强，叶表粗糙。每年2月中旬至3月底开白花，花具香味。当年10月下旬至11月上旬果成熟，果皮较薄，鲜出籽率和干出籽率高，油质好，但种仁含油率低于普通油茶等栽培物种，是一个早实、高产、抗炭疽病的优良油用物种，目前尚无审认定的良种。主要在我国浙江、江西、湖南等地栽培（彩图6）。

第二节　良种选用原则

种苗是基础，良种是关键。我国油茶物种资源极为丰富，具有油用栽培价值的有20多个，各个栽培物种都有不同于其他物种的特点及区域适应性。在生产中，油茶栽培品种选用应本着“适地适良种”的原则因地制宜。具体包括以下几方面：

一、栽培生产所用的良种为通过国家或省级良种委员会审定的良种

从20世纪60年代开始，经过60余年的科学研究，各地从以普通油茶为主的油茶物种中选出了一大批优良的栽培品种，并通过了国家或省级良种委员会的审定，为我国的油茶生产奠定了坚实的良种选用基础。

在选择良种时需要注意：①审定良种的产量数据多来源于试验条件，与大面积生产应用存在一定差异，小面积或特殊条件报道数据为选用参考。②目前，我国只有普通油茶、小果油茶、越南油茶和腾冲红花油茶有通过国家和省级审定或认定的良种，其他栽培物

种暂时没有良种。

二、在明确当地适生良种的前提下，提倡主栽品种和授粉品种科学配置种植

通常油茶自花授粉坐果率低，且各良种间授粉坐果率差异很大，生产中要注意良种的组合，符合良种间花期相遇、授粉亲和性佳及果实成熟期一致的要求，选择2~3个品种配置栽培，才能保证良种效益的最大化。目前，长林系列等良种已有科学、合理的良种配置模式并已应用于生产。随着科技进步，高产良种配置技术将更广泛地应用到生产中。

三、根据审定良种的适生区域，选择适宜本地区发展的良种

良种是有适生区域要求的，如果自然条件不适宜，再好的良种也达不到丰产、稳产。各油茶发展地区应根据各良种的适宜栽培区域，科学选择适合本地区发展的良种，否则，再好的品种如果自然条件不适也达不到丰产、稳产。因良种不适应引种区自然条件而造成巨大损失的教训是深刻的：20世纪70年代，各地在油茶生产发展过程中调购种子比较随意，许多地方由于超地理区域引种栽培，导致幼林生长不良、成林产量很低。如在广西丰产的岑溪软枝油茶，引种到北部栽培区花期延迟，盛花期常受早霜危害，产量明显不如原产地。现有研究与引种实践证明，越南油茶、广宁红花油茶、腾冲红花油茶等物种在中亚热带以北地区也常表现为只开花不结果或只结少量果的现象。同样，普通油茶引种到海南省栽培，也出现病虫害严重、生长不良等现象。

四、没有良种的区域应选引结合，试验确定推广良种

我国少数省市或区域还没有油茶良种，这些地区如果贸然采用外地良种大面积建立生产基地，风险较大。为避免此类风险，在加大当地良种选育工作的同时，应优先选择相同气候类型区域的栽培良种，对外来良种进行引进试验，筛选确定适合本地的良种。在良种引进过

程中要对良种的来源、特性等了解清楚，辨别真伪，避免盲目引进。

第三节 油茶主要栽培良种介绍

经过几代油茶科技工作者的不懈努力，我国已成功选育出油茶良种 300 多个。通过国家审定的良种有 100 多个，省级审定良种 200 余个，这些审定良种一般具有丰产性能好、果实经济性状优良、生长势强、适应性强和抗病力强的优点，为我国油茶产业的发展奠定了强有力的良种基础。目前，通过国家审定且应用面较广的良种主要是由中国林业科学研究院亚热带林业研究所、亚热带林业实验中心，湖南省林业科学院，江西省林业科学院，广西壮族自治区林业科学研究院，湖北省林业科学研究院，赣州市林业科学研究所等科研单位组织选育的系列良种，包括长林系列、亚林系列、赣无系列、湘林系列、赣州油系列、桂无系列等。

油茶在我国陕西汉中、河南信阳以南的所有省区均有栽培。油茶各物种因长期受到气候、地形、土壤、生物以及人类生产活动等环境生态因子的综合影响和自然选择，产生了各自的生理机制和地域适应范围。根据我国油茶分布和生产现状，将我国油茶物种的栽培区划分为三个带、九个区，并提出了各区带相应的适宜栽培物种和良种（表 1）。

在生产实践中，应以遵循客观自然规律为原则，以生物气候为主导，综合考虑地形地貌、土壤等生态因子选择栽培物种和品种。当前各主要系列代表性良种介绍如下：

一、长林40号（良种编号：国S-SC-CO-011-2008）

中国林业科学研究院亚热带林业研究所选育、亚热带林业实验中心等单位参与选育。该良种长势旺，直立，抗性强，高产稳产。花期 11 月上旬，果实成熟期 10 月下旬。果近梨形，青带红，中偏小，干出籽率为 25.2%，出仁率为 63.1%，含油率为 50.3%，盛产期亩产油能达到 65.9kg。适宜推广的区域为浙江、江西、广西、湖南油茶种植区（彩图 7）。

表1 油茶物种栽培区划

带	栽培区	油茶主要栽培物种（品种）	普通油茶适生立地条件
I 油茶北带	Ia 北带东部桐柏山、大别山低山丘陵区	普通油茶（长林、大别山、黄山等）	海拔300m以下山麓向阳，土层深厚的缓坡丘陵地带，选避风向阳坡地，利用小地形构成的小气候
	Ib北带西部秦巴山地区	普通油茶（汉油、金州等）、攸县油茶	海拔600m以下，盆地周围山坡向阳背风，土层深厚的缓坡地带
II 油茶中带	IIa中带湘、浙、赣、闽低山丘陵区	普通油茶（长林、亚林、赣油、湘林、赣无、鄂油、闽优等）小果油茶（龙眼茶）、茶梨、攸县油茶、浙江红花油茶	北部山地海拔600m以下，南部山地800m以下阳坡土层深厚的缓坡、丘陵宜土层深厚的酸性，黄壤
	IIb中带川东盆地区	普通油茶	海拔300~700m的盆地丘陵和开阔的宽谷，坝区缓坡地带，土层深厚的酸性紫色土，黄壤
	IIc中带贵州高原区	普通油茶（长林）、威宁短柱油茶、小果油茶	海拔300~600m坝区开阔阳坡红壤，黄壤，土层深厚的缓坡
	IId中带滇西、北、川南高原区	普通油茶、腾冲红花油茶（1~4号）	海拔2000m以下，顶部平缓，第十开阔和坝区周围缓坡向阳，土层深厚的红壤和黄壤地带
III 油茶南带	IIIa南带桂、粤、闽南低山丘陵区	普通油茶（岑软、韶关）、宛田红花油茶、广宁红花油茶、博白大果油茶、南山茶	海拔100~500m阳坡下部，山地丘陵，土层深厚的红壤和背风地带
	IIIb南带滇东南桂西高原区地坝区	普通油茶（岑软、滇油、长林）、南荣油茶	海拔300~1500m的坝区开阔向阳坡地，土层深厚的山地红黄壤和红壤
	IIIc南带桂粤沿海丘陵区	越南油茶	海拔100m以下，避风土层深厚肥沃，排水良好地带（越南油茶适生条件）

二、长林4号（良种编号：国S-SC-CO-006-2008）

中国林科院亚热带林业研究所选育、亚热带林业实验中心等单位参与选育。该良种树势旺盛，树冠球形开张结实大小年不明显，丰产稳产。果桃形，青偏红。单果重25.18g，鲜果出籽率56.8%，干籽出仁率54%，种仁含油率46%，果油率8.89%，盛果期4年平均亩产油60kg。适宜推广的区域为浙江、江西、广西、湖南、安徽、贵州、湖北油茶种植区（彩图8）。

三、长林53号（良种编号：国S-SC-CO-012-2008）

中国林业科学研究院亚热带林业研究所选育、亚热带林业实验中心等单位参与选育。该良种树体矮壮，粗枝，枝条硬，叶子浓密，叶宽矩形，较大，平伸。果实单生，梨形，果柄有突起，黄带红，单果重27.9g，鲜果出籽50.5%，种仁含油率45.0%，果油率10.3%，盛果期4年平均亩产油54.6kg。结实大小年不明显，丰产稳产。适宜推广的区域为浙江、江西、广西、湖南、安徽、贵州、湖北油茶种植区（彩图9）。

四、岑软2号（良种编号：国S-SC-CO-001-2008）

广西壮族自治区林业科学研究院选育。该品种具有生长快、结果早、稳产高产、油质好、适应性强等优点。花期11月上旬，果实成熟期11月下旬。果青色、呈倒杯状，果重30.36g，鲜出籽率40.7%，干出籽率26.99%，种仁含油率高达51.3%，果油率7.06%，连续5年平均亩产油61.65kg。适合广西以南地区栽培（彩图10）。

五、岑软3号（良种编号：国S-SC-CO-002-2008）

广西壮族自治区林业科学研究院选育。该品种枝条短小，冠幅较紧凑，树冠呈冲天形。花期11月中旬，果实成熟期为霜降。果球形，果重20.87g。鲜出籽率39.72%，干出籽率21.19%，种仁含油率53.60%，果油率7.13%，连续4年平均年亩产油62.57kg。适宜在广西、湖南、江西、贵州等油茶种植区推广种植（彩图11）。

六、岑软11号（良种编号：桂R-SC-CO-015-2009）

广西壮族自治区林业科学研究院选育。该品种冠形开张，冠幅较大，呈圆头形，枝条较粗、直立。盛花期11月中旬，果实成熟期为霜降。朔果桃形、淡黄色，鲜出籽率46.55%，干出籽率26.31%，干出仁率63.82%，种仁含油率52.61%，鲜果含油率8.83%，连续4年平均亩产油量64.5kg。适宜在广西油茶种植区种植（彩图12）。

七、GLS赣州油1号（良种编号：国S-SC-CO-012-2002）

江西省赣州市林业科学研究所选育。该良种树体开张圆球形，生长快，抗性强。花期11月上旬，果实成熟期11月下旬。果球形，果皮红色面光滑，单果重34.48g，鲜果出籽率41.09%，干出籽率20.47%，种仁含油率达48.47%，鲜果含油率6.13%，亩产油量67.248kg。适宜推广的区域为江西全省各地，南方油茶中心产区（彩图13）。

八、赣无2（良种编号：国S-SC-CO-026-2008）

江西省林业科学院选育。该良种树体生长旺盛、树冠圆球形，分枝均匀，抗性强，盛花期11月上旬，果实成熟期10月下旬。果实圆球形，果皮红色；鲜果大小为41个/500g，鲜出籽率48.1%，干籽出仁率27.8%，干仁含油率49.4%，鲜果含油率8.1%，连续4年平均亩产油量达49.0 kg。适宜推广的区域为江西全省各地，南方油茶中心产区（彩图14）。

九、赣70（良种编号：国R-SC-CO-025-2010）

江西省林业科学院选育。该良种生长旺盛、树冠自然开心形，分枝均匀，抗性强。盛花期11月上旬，果实成熟期10月下旬。果实肾形或圆球形，果红色或青黄色；鲜果大小为28个/500g，鲜出籽率49.2%，干出籽率为29.1%，干出仁率65.1%，种仁含油率50.5%，鲜果含油率为9.6%，连续4年平均亩产油量达52.8kg。适宜推广的区域为江西全省各地，南方油茶中心产区（彩图 15）。

十、赣石84-8（良种编号：国S-SC-CO-003-2007）

江西省林业科学院选育。该良种树冠自然圆头形。花期 11 月上旬，果实成熟期 10 月下旬。果实橄榄形，红褐色，鲜出籽率 56.0%，干仁含油率 62.7%，干籽含油率 40%~43%，鲜果含油率 14.2~17.2%，连续 4 年平均亩产油量达 122.8kg。适宜推广的区域为江西、湖南油茶适生区（彩图 16）。

十一、赣兴48（良种编号：国S-SC-CO-006-2007）

江西省林业科学院选育。该良种树冠自然圆头形。花期 11 月上旬，果实成熟期 10 月下旬。果实圆球形，黄褐色，鲜出籽率 40.5%，干仁含油率 56.7%，干籽含油率 40%~43%，鲜果含油率 10.1%，连续 4 年平均亩产油量达 72.6 kg。适宜推广的区域为江西、湖南油茶适生区（彩图 17）。

十二、湘林1（良种编号：国S-SC-CO-013-2006）

湖南省林业科学院选育。该良种树体生长旺盛，树冠紧凑，平均冠幅产果量 1.161kg/m^2。花期 11 月上旬，果实成熟期 11 月下旬。果实球形，鲜出籽率 46.8%，干籽出仁率 52.07%，种仁含油率 50%，鲜果含油率 8.869%，连续 4 年平均亩产油量达 48.15kg。油酸、亚油酸含量达 88.81%。适宜南方油茶中心产区种植（彩图 18）。

十三、湘林67（良种编号：国S-SC-CO-015-2009）

湖南省林业科学院选育。生长旺盛，分枝力强。果青黄红卵球形，花期适中。鲜果大小 20~36 个 /500g，鲜果出籽率 44.4%，种仁含油率 60.4%，籽含油率 38.8%，鲜果含油率 9.1%，亩产油 69.6kg。油酸、亚油酸含量达 88.5%。早实丰产，结果多，果皮薄，含油率高，适应性广，抗性强（彩图 19）。

十四、湘林27号（良种编号：国S-SC-CO-013-2009）

湖南省林业科学院选育。生长旺盛，分枝力强。果实青红卵球形，鲜果大小18~30个/500g，鲜果出籽率48.7%，籽含油率34.7%，鲜果含油率10.2%，亩产油达66.4kg，油酸、亚油酸含量达90.23%。早实、丰产，结果量大，果皮薄，适应性广，抗病、抗逆性强（彩图20）。

十五、华硕（良种编号：国S-SC-CO-011-2009）

中南林业科技大学选育。该良种树体圆头形，生长旺盛，树势强。丰产性能稳定。花期11月初至12月上旬，果实成熟期11月下旬。果实扁圆形，平均单果重68.75g，鲜出籽率45.51%，种籽百粒重250.0 g，出仁率69.28%，干籽含油率41.71%，亩产油量达72.26kg。适宜推广的区域为湖南油茶适宜栽培区（彩图21）。

十六、华鑫（良种编号：国S-SC-CO-009-2009）

中南林业科技大学选育。该良种树冠自然圆头形。花期10月底至12月中旬，果实成熟期10月下旬。果实扁圆形，平均单果重48.83g，鲜果出籽率52.56%，种子百粒重310.37g，干籽含油率39.97%，丰产稳产（彩图22）。

十七、华金（良种编号：国S-SC-CO-010-2009）

中南林业科技大学选育。该良种树冠纺锤形，叶卵形，浓绿富光泽。花期10月中下旬至12月中旬，果实成熟期为10月下旬。果实椭圆形，青色，平均单果重51.59g。鲜果出籽率36.38%，种子百粒重220.82g，干籽含油率46.00%，丰产稳产，抗病性强（彩图23）。

其他主配栽良种相关信息请参考附表1。各地选育良种并未经全分布区比较试验，在实际应用中可进行根据引种测试和生产性抽样测试确定。

另外，在丰产林建设中宜以产量排序前的良种占高比例的配置方法选用良种，如长江流域长林系列良种宜用长林53、长林4号、长林40号占80%以上，其中长林53号占30%以上。避免为了追求育苗效益有意培育单品种或易育苗的良种。

第二章
良种繁育技术

第一节　采穗圃营建及管理技术

营建采穗圃是为了提供大量的优质穗条，是实现油茶良种规模化生产的关键性措施之一。营建采穗圃最常用的方法有 2 种：①利用 2~5 年生良种苗营建采穗圃；②移栽良种大树营建采穗圃。

现以采用 2~5 年生良种苗营建采穗圃为例，介绍营建、管理采穗圃的关键技术。

一、油茶采穗圃建园

1. 建园良种和规模

采用最适合当地的 3~5 个油茶良种及授粉良种，良种选择可参照附表 1。不同品种的穗条有效芽数量差异较大，按 1kg 穗条有效芽数平均为 800 芽计，2 年生苗建圃后第 5 年，每株可采穗条 1kg，密度为 111 株 / 亩的采穗圃即可满足培育 8.8 万株苗的穗条需求。如果采用高密度种植方式，可采穗条量还可提高。

2. 圃地选择

采穗圃园地应选择交通便利、排水良好、土层深厚、土壤肥沃、pH 值在 4.5~6.5 的水田或旱地，坡度不大于 15°。

3. 整地

定植前 3~4 个月对建园圃地实施全垦或带状整地，种植前 1 个月挖穴。具体整地方式见第三章“立地选择与整理”一节。

4. 挖穴

采穗圃定植穴必须成行成列规整定位，株行距以 2m × 1.5m 或 2m × 3m 为宜。定位时采用拉线定点、上下左右对齐或沿水平带对齐的方式按点位挖穴，穴的规格为 60 cm × 60 cm × 50 cm。

5. 施基肥回填表土

定植造林前一个月，结合整地每穴深施复合肥或过磷酸钙 0.5kg+ 腐熟农家肥 20kg 或高品质成品有机肥 3~5kg，肥料在穴底与回填表土充分拌匀，然后回填土壤高出地面 10~20cm，形成小土堆，用小竹竿做好定植标记。

6. 苗木定植

定植以下过透雨后土壤潮湿时为宜。建园良种在圃地上成行或块状排列，品种苗定植前应每株挂上品种标签，确保良种按规划准确定植。建园苗应选择根系发达、长势旺盛、苗茎粗壮的苗木，以 2 年生苗高 35cm 以上，地径 4mm 以上的特优苗木为宜。

定植完成后，在良种区界处设立固定标桩或标牌，标识良种名或代码，绘制多份定植图，并制电子版保存。

二、油茶采穗圃管理

1. 松土除草

定植后前 3 年每年不少于 2 次，分别在 4 月下旬至 6 月初和 9~10 月。栽植当年 7~9 月不在植株周边松土。3 年后每年除草 1 次。

2. 扶苗培蔸

结合松土除草工作，扶正倾斜倒伏的植株，在根基培土固定，培土以盖住嫁接口为宜。

3. 抗旱保湿

在栽植当年的 6 月份前，对植株覆草或地膜加盖薄土。有条件的可安装喷灌或滴灌设施。

4. 定干修剪

定植后，应根据苗木生长情况适时进行定干，定干高度以 40~50cm 为宜。定干后，每年在春梢或夏梢停止生长后对徒长枝完全木质化处打顶，8~9 月摘除花芽。

5. 补植

圃地内缺株、实生株或生长差的植株，在造林季节采用原栽良种及时补植或替换。补植宜选同龄苗木，以使林分生长整齐，林相一致。容器苗补植季节可适当放宽。

6. 垦复

建圃3年后隔年冬季进行林地垦复，垦复深度以15~20cm左右为宜，原则是“蔸边浅，冠外深，不伤皮，不伤根”，垦复可与冬季施肥除草相结合。

7. 施肥修剪

翌年开始结合抚育施肥。秋冬季以有机肥为主，春季含硫酸钾复合肥为主，最好施用缓释肥，各种肥料配合施用。采穗后追施采后肥，不宜过量施氮肥。施肥必须在植株20cm以外挖穴或开沟，施肥盖土。忌施含KCl型复合肥和尿素。

8. 防治病虫害

以营林措施为主，化学防治为辅，综合防治。应特别注意春季抽梢时病虫害的防治。油茶采穗圃主要病虫害及防控措施详见第四章。

9. 采穗

必须分良种采集，一般应采集3个饱满有效芽以上的枝条作为穗条，不宜采阴枝，不见光枝和病弱枝。采穗时间一般在上午或傍晚进行，严禁在晴天的10:30~16:00采穗。采集的穗条分品种用编织袋或塑料筐保湿包装，要求包装材料干净、通透性好，穗条不能压得太过紧实。每袋2个以上标签标记品种与采集时间。

10. 档案建立

采穗圃必须专人管理，对采穗圃建园、规划设计图、林分管理、穗条采集与调运等全过程工作内容实施记录，建立规范的档案。档案应包含纸质材料档案与电子档案。基地需要示意图和标识牌。

第二节 芽苗砧嫁接育苗技术

中国林业科学研究院亚热带林业研究所发明的芽苗砧嫁接技术是目前油茶良种繁殖最快捷有效的无性扩繁技术，这一方法操作简便、容易掌握，成活率高、繁殖快、工效高，适于工厂化、规模化育苗。近些年，用芽苗砧嫁接技术每年繁殖油茶苗木在3亿~5亿株以上。该技术主要包括以下4个关键环节：

一、芽苗砧的培育

芽苗砧木是油茶嫁接育苗的物质基础，芽苗砧木的优劣直接关系到油茶嫁接的成败。多年的实践表明，油茶芽苗砧嫁接以同物种本砧嫁接为宜。

1. 砧木种子的选择

用作培育芽砧的种子应源于充分成熟的油茶果（自然裂果率在10%以上的植株果），采集的茶果经1~2天日晒后阴干脱出茶籽，挑选粒大饱满(1kg种子数量在500粒以内)、无破损、无病虫害的种子做砧种。油茶北缘产区不能用越南油茶种子作砧种，砧种尽量本地化。包括海南省等热区生产也以当地物种种子为妥。

2. 种子贮藏

培砧种子以湿沙贮藏或冷藏（可双层）为宜。湿沙贮藏，沙与种子体积比为2:1，分层或混合堆放在泥土地面上，总体高度不超过1m（如果在水泥地面上沙藏，底层沙层高应不少于10cm），沙的湿度控制在10%左右（手捏成团，松手轻拍即散），不宜太湿，每10天左右检查种子是否发霉或太干，做好通风透气措施。冷藏最适温度为4~5℃，冷藏种子可用编织袋包装后再用塑料布包裹存放，做到保湿透气。生产中也可采用直播法，即种子采收筛选后，不经过贮藏，12月份直接播种（图2-1）。

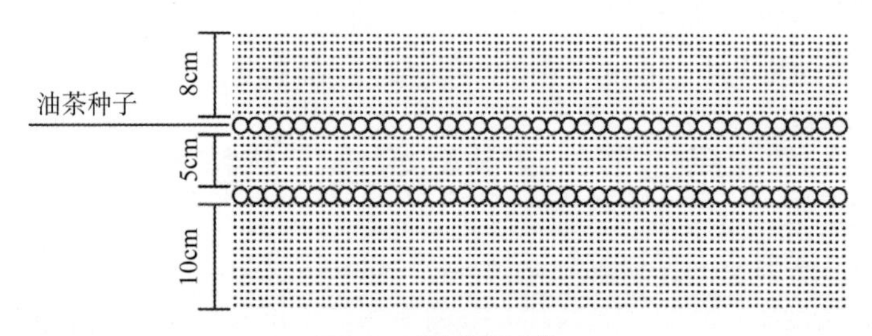

图2-1 油茶种子沙藏

3. 催芽

嫁接前60天左右实施种子催芽。具体方法为：将种子从沙床或冷库中起出，用0.4‰的高锰酸钾溶液消毒处理1~2h后，播种到厚12cm的沙床上，然后在种子上方覆沙约10cm并浇透水压实；可双层播种催芽，底层12cm沙子，再铺一层种子，再铺一层10cm厚沙子和一层种子，最上面再铺10cm厚沙子。培养15cm长胚根，胚根可截成几段，每段长3~4cm，可嫁接2~3株。播种后及时喷淋多菌灵消毒一次，保持沙床湿润，通常5cm深处沙子见白就要浇水。

二、接穗的采集和处理

油茶芽苗砧嫁接一般4月下旬至6月上旬进行。穗条应在经审认定采穗圃上采集，采穗植株应生长健壮、无病虫害。穗条宜在阴雨天或晴天上午10：30以前，下午16：00点以后采集，剪取当年生半木质化或基本木质化粗度在1.5mm以上的春梢枝条。接穗尽量随采随用，需要调运的，要注明良种号，分别保湿包装，快速运输，运输做好遮阴、保湿、降温措施，大量穗条最好冷藏车运输。抵达目的地后，尽快分良种摊放在铺有3~4层遮阳网的阴凉处地面上，适时适度喷水，保持潮湿，3天内完成嫁接。

三、嫁接

采用劈接法嫁接，主要嫁接工具为单面刀片和长3~3.8cm，宽0.8~1cm，厚0.11mm的长方形铝片。具体操作步骤如下：

1. 起砧、洗砧

将沙床培育的芽苗细心取出，洗净沙土、湿布包裹，置于室内操作台上备用。

2. 断砧、劈砧

在芽苗距种子2~3cm处切断苗茎，留3~4cm胚根切断根尖（图2-2），然后从苗茎上端切口正中沿髓心劈开，切口长约1.2cm（图2-3）。断根后，较长胚根的根段也可嫁接，每3~4cm长根段嫁接一根穗条。

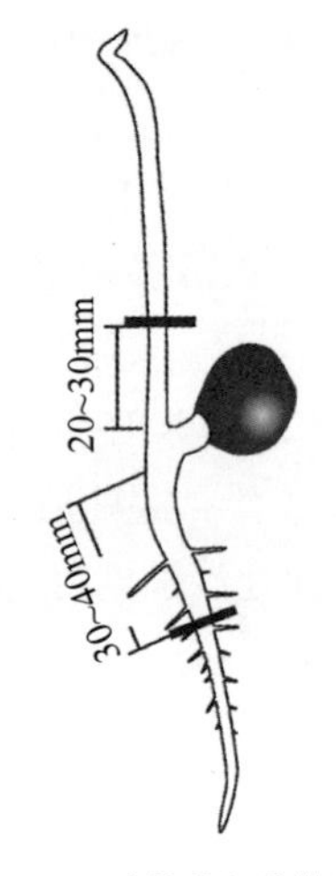

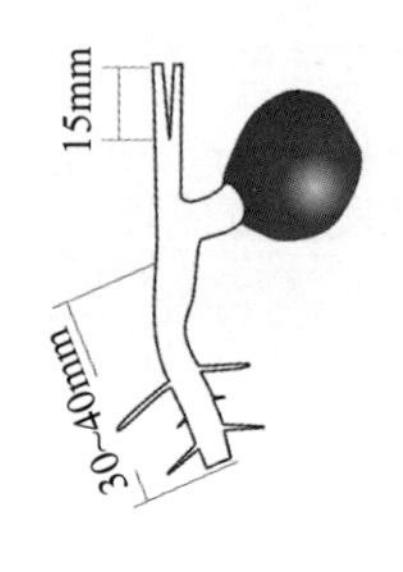

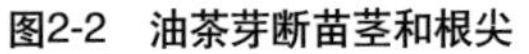

图2-2 油茶芽断苗茎和根尖　　图2-3 油茶劈砧

3. 削穗

在接穗饱满芽叶柄下方 1~2mm 处两侧，各削一个成 15° 角斜面，长约 1cm，两斜面交会于髓心，形成 30° 尖削度的楔形（图 2-4）。再从叶柄上方 2~3mm 处截断，成为带一芽一叶的接穗，置清水中待用。削好的接穗尽快嫁接。

4. 接合

把削好的接穗插入砧木切口，叶柄一侧皮层与砧木皮层对齐，用铝片在砧穗结合部先向一边扣紧再反方向翻转，使砧穗结合紧密牢固（图 2-5）。接后即淋水保湿，半天内完成移栽。

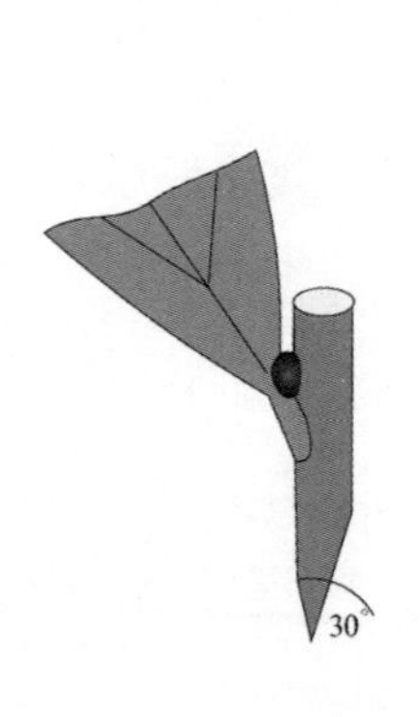

图2-4 削接穗

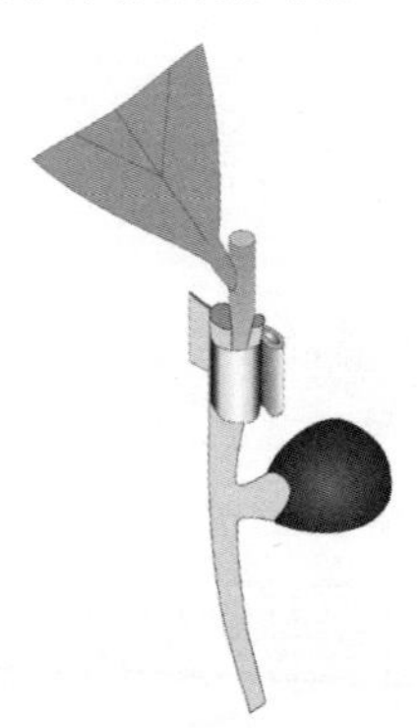

图2-5 铝片反向接合

四、苗床准备

1. 整地作床

培育油茶苗以选择可排可灌的水稻田作圃地为宜，在10~12月份每亩施有机肥3000kg、复合肥50kg和过磷酸钙50kg深翻。翌年1~3月份每亩再施50kg过磷酸钙，洒施5~10kg硫酸亚铁水溶液后作苗床，苗床以宽度1.2m，长度不超过20m为宜，畦高20cm以上。移栽前2天喷乙草胺防止杂草生长。大田育苗地需要每2年轮作。

2. 搭荫棚

利用木桩或水泥桩搭架，高度1.8m，上覆遮阳网（遮光率75%~80%）搭建遮荫棚。荫棚四面要用遮阳网全部遮住，用以防风和减少阳光灼伤。

五、移栽

嫁接后芽苗应及时移栽入床。移栽密度以株距3~5cm，行距约5~8cm为宜，每亩育苗量控制在8万~12万株；移栽时芽苗的砧种应与地面平齐，舒根、压紧、浇透水，最后喷施甲基托布津或多菌灵或退菌特等杀菌类农药防病。边移栽边盖小拱棚塑料薄膜。

六、嫁接后的管理

嫁接移栽后的管理主要包括保湿、防病虫、除草、揭膜、除萌、抹花芽、除实生砧木、清沟、追肥、揭遮阳网等技术措施（图2-6）。

（1）保湿控温。嫁接移栽后的保湿控温是保证嫁接苗成活的关键。嫁接芽苗栽入苗床或容器后，应浇一次透水，并搭建塑料薄膜小拱棚保湿，保持拱棚内湿度为85%~90%。嫁接苗培育早期，遮荫棚的遮光率以75%为宜。棚内温度超过40℃时，可在小拱棚上洒水或沟内漫灌水降温。

（2）防病虫害。油茶苗圃病虫害对育苗成功与否影响很大，嫁接后20~25天要适时揭膜喷施甲基托布津和恶霉灵防病，喷后立即回盖薄膜。未去膜期间若再发现病虫害，应及时揭膜喷药防治。

（3）除草。及时拔除苗床中的杂草，每次除草后要浇一次透水。

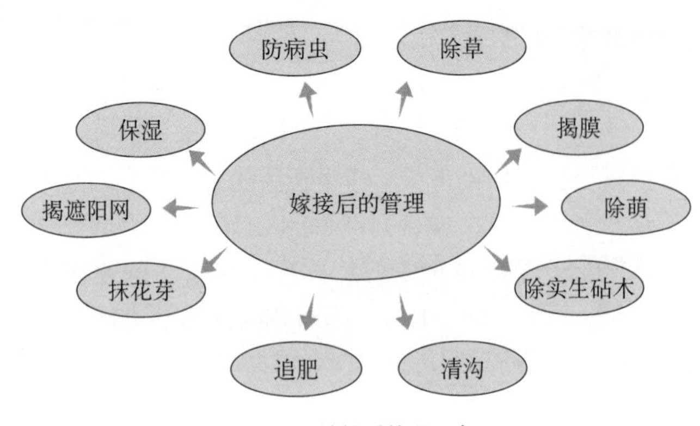

图2-6　嫁接后管理示意

（4）揭膜。当 5%~10% 嫁接苗开始抽梢时（约移栽后 45 天）即可除膜，揭膜应选择晴天傍晚或者阴雨天先打开拱棚两端炼苗，经过 2~3 天炼苗后，再全面揭膜。

（5）除萌。揭膜 3~7 天后即应着手除萌，用小剪刀从基部剪除萌条，随后定期检查，一般管理全过程中要除萌 3~4 次。同时除去未嫁接成活的实生苗。

（6）抹花芽。随时检查苗芽生长发育情况，及时抹去可明确辨认的花芽。

（7）追肥。每半月一次，以叶面肥或复合肥 3‰加尿素 2‰溶液交替施用追肥，总浓度不超过 5‰，追肥可与消毒防病相结合。追肥应避开高温干旱时期，不得高浓度施用，防止烧苗。

（8）清沟。雨季要及时清沟，做到大雨过后，沟中无积水。

（9）揭遮阳网。一般在 9 月份（最高气温在 30℃以下时）即可揭遮阳网全光培苗，揭遮阳网应选择晴天傍晚或阴雨天实施，去掉遮阳网可有效促进苗木生长，提高生长量。

第三节　油茶容器苗育苗技术

轻基质网袋容器育苗是提高造林质量，延长造林季节的重要举措，是油茶种苗培育的主要方向。目前，油茶轻基质容器苗培育技术已在全国油茶产区得到广泛推广应用。轻基质网袋容器育苗具有省工、省事、省时、育苗效果好、育苗质量高等诸多优点，但对配套设施及管理技术要求较高，如需要专用托盘、地布、喷灌系统、配方施肥等。

一、油茶轻基质网袋育苗容器

油茶轻基质网袋育苗容器是由轻基质网袋容器机自动连续生产出来的圆筒肠状容器，内装轻型育苗基质，外表包被一层薄的纤维网孔状材料，再经切段机切出单个的单体容器，可工厂化生产，市场上有售。目前培育油茶苗的网袋容器多采用规格为直径 5.5~8cm、高度 10cm 以上的容器。

二、基质原料及配比

1. 传统轻基质原料及配比（体积比）

泥炭、蛭石、珍珠岩是种苗行业上使用最普遍轻基质原料，已经有很多成熟配方，如 1∶1∶1，2∶1∶1 等。国产泥炭最好选用纤维状的（长度 3mm 左右），蛭石、珍珠岩选用颗粒状的。在缺乏蛭石的地方，可以只使用泥炭与珍珠岩 2 种原料，二者体积比为 1∶1 或 2∶1。

2. 改良的轻基质原料及配比

（1）原料。可再生的木质化林农剩余物、废弃物等成为新型的轻基质原料，包括林地砍伐剩余物、树皮、木屑、稻壳等。这些原料经过一系列发酵处理后，即可作为基质成分用于油茶育苗。

（2）配比。泥炭、炭化稻壳及经过 2 次发酵、腐熟的木质化农林废弃物配制比例为纤维状泥炭不低于 1/5，炭化稻壳 2/5，其他占 2/5 以下。轻基质内必需添加复合肥并在育苗过程中及时追肥。试验表明，轻基质内添加缓释肥育苗效果良好，如果再配合叶面追肥效果更好。此外，基质内还可适当添加黄心土、纤维（如发酵稻壳）等。

3. 轻基质配制原则

配制好的轻基质尤其是林农剩余物配制轻基质要做到化学性能稳定，至少要求基质在育苗期限内化学性能稳定。物理性能要求具有良好的气相、液相、固相构造，即网袋容器内的轻基质要疏松、透气，基质的粒度不能过细。

三、油茶轻基质网袋容器育苗方法

1. 嫁接后芽苗直移容器培育

将嫁接好的油茶苗直接移栽到轻基质网袋容器中，集中摆放在铺有地布的苗床上或育苗筐内培育。手工栽苗方法如下：轻基质网袋容器用水浇透，用圆锥状的不锈钢棒在网袋容器中间打种植孔，孔径 0.5cm 左右。把油茶嫁接苗根部浸蘸促进生根的激素后，将苗根插到轻基质网袋容器种植孔中并使根土紧实。常规管理参照嫁接苗培育管理。

2. 两段法容器苗培育

当大田裸地育苗嫁接成活抽梢后，在当年 9 月气温降低时，把嫁接苗移植于容器中继续培育成 2 年生苗再出圃。

轻基质网袋容器苗需经过修根和炼苗后才能出圃。目前主要采用空气或机械修根，修根后应进一步炼苗以增强苗木的抗逆性。在修根、炼苗过程中要特别注意水分管理，尽量安装雾喷条件，管理不当易导致叶片失水萎蔫以至苗木死亡。

四、网袋容器苗包装、运输

油茶容器苗包装有多种方法，常用的为塑料袋包装或水果塑料筐包装。每 50 株或 100 株用塑料袋或箱筐包装后，挂好标签，装车后用篷布盖严防风保湿运输，运输过程避免日晒。

第四节　苗木出圃标准与要求

苗木出圃时需经由市、县两级林业行政主管部门验收苗木质量，并发给油茶苗木产地检疫合格证、质量检验合格证、品种标签等，方可出圃、销售、运输。为保证苗木出圃后保持较好的造林存活率，在苗木出圃时须注意如下事项：

(1) 苗木质量。要求符合油茶苗木出圃标准与要求（表 2）。良种比例符合丰产配置比例，避免单一良种或只育易培苗良种。

（2）起苗。苗木起运的关键是保护根系、保持水分。应在晴天早晚或阴雨天起苗，起苗前 1 天灌水，确保苗田的土壤湿润，使用齿耙挖苗，严禁手拔。起出的苗木分品种及时做好保湿，忌日晒，50 株或 100 株根部用塑料袋包扎保湿。

（3）运输。苗木最好用厢式车运输，敞篷车必须加盖篷布。外调苗木以夜间运输，次日一早栽植为好。油茶苗在车上时间不得超过 18 小时，因此，尽可能选择离造林地最近的苗圃调运苗木，做到随起随运随栽，即“看天起苗、运苗、栽苗”“看劳力起苗、有计划的栽苗”。

（4）苗木存放。当天栽不完的苗木必须打泥浆后阴凉避风处保存。

（5）签订质量与经济责任合同，涉及良种及数量、规格、苗圃信息、责任条款、造林具体地点、联系人等等。

表2　油茶苗木出圃标准与要求（规格）

序号	苗木种类		苗龄	苗木等级			
				Ⅰ级		Ⅱ级	
				地径（cm）≥	苗高（cm）≥	地径（cm）≥	苗高（cm）≥
1	大田	嫁接苗	1~0	0.25	15	0.22	10
2		嫁接苗	2~0	0.35	30	0.30	25
3	容器	营养钵苗	3/4~0		15		10
4			1.5~0	0.30	22	0.25	18
5		无纺布苗	3/4~0		15		10

第三章
油茶栽培技术

第一节　油茶新品种造林管理技术

“良种良法”是实现油茶高产高效的两个主要方面，其中良种是基础，而栽培技术（即良法）是良种得以高产的关键和保障。造林管理技术主要包括选地、整地、良种选择与配置、造林栽植、抚育管理及采收等技术环节（图 3-1）。

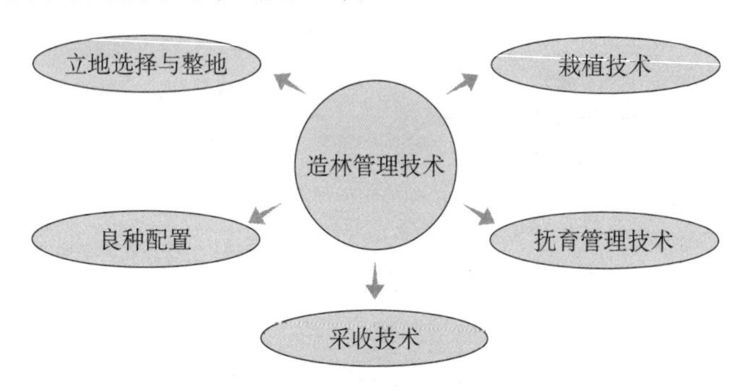

图3-1　造林管理技术的主要环节

一、立地选择与整地

普通油茶的适应性较强，生态幅较宽，在我国南方 18 个省市丘陵山地均可栽培，但以海拔低于 800m 较为适宜；云贵高原由于地形、气候复杂，在海拔 1000~1950m 也可种植。选择土层厚度 40cm 以上，排水良好的酸性壤土、轻壤土或轻黏土且坡度 25° 以下的斜坡或缓坡种植，以南向、东向或东南向土层较厚的坡地为佳，阴坡不宜。丰产林要求土层在 60cm 以上。

造林地确定以后，根据园地规模、地形和地貌等条件，设置合理的道路和排水系统，两条林道设施之间相隔 100m 为好。

整地在造林前 3~4 个月进行，先清理杂灌后整地，遵循“山顶带帽、山脚穿靴”的原则，注意水土保持、涵养水源，对于大面积连片开发山地，注意分区块整地和栽植，降低病虫害爆发风险。总体来讲，油茶造林整地方式主要有全垦整地、梯带状整地和穴状整地 3 种。

1. 全垦整地

小于 18° 的缓坡地宜选用全垦整地。整地时可顺坡由下而上挖垦，并将土块翻转使草根向上，防止其再成活。挖垦深度视土壤情况而定，一般 30cm 左右。挖垦后按规定的株行距定点开穴。全垦后应沿水平等高线每隔 4~5 行行距挖一条 30cm 左右的拦水沟，可减少地表径流、防止水土流失。

2. 梯带状整地

坡度在 19° ~25° 的山地适用梯带状整地。带状整地方式有以下 2 种：

（1）水平阶梯整地。先自上而下顺山脊拉一条直线，而后按行距定点；再自各点位沿水平方向环山按等高线开带。垦带采取由上向下挖筑水平阶梯的方法，筑成内侧低，外缘高的水平阶梯，带面坡度以 3° ~5° ，水平带面宽度 2.2m，靠条带外侧按株距挖穴种油茶苗。沿山脊和山凹流水线必须开排水沟，梯带靠山内侧挖深宽各 20cm 左右的竹节沟，以利蓄水防旱和防止水土流失，竹节沟内水可分两边排，不同条带之间竹节沟之字形排列有利于缓解水的冲击（图 3-2）。

（2）斜坡带状整地。即在坡度较陡、土层较浅、易水土流失的山坡上采取隔行保留水平草带的整地方式。按造林的行距要求，横

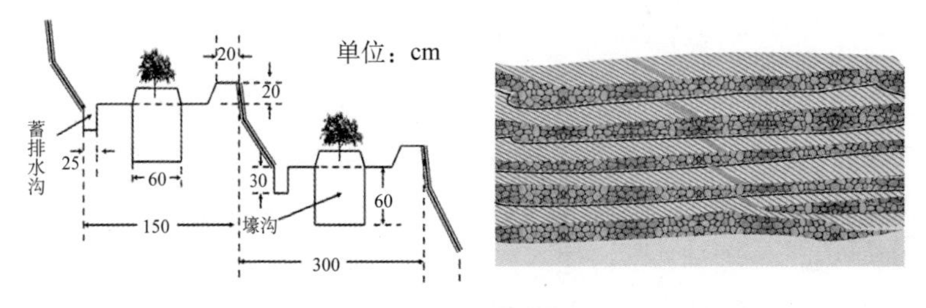

图3-2　水平阶梯整地

向划分种植带，带宽依坡度和造林行距而定。挖垦的方法与全垦相同，只是仅挖种植带，带间留有一条不垦的草带而已（图3-3）。

3. 穴状整地

在坡度较陡，坡面破碎以及“四旁”植树时采用。先拉线定点，然后依点位按规格挖穴，表土和心土分别堆放，先以表土填穴，最后以心土覆在穴面，高出10~20cm（图3-4）。

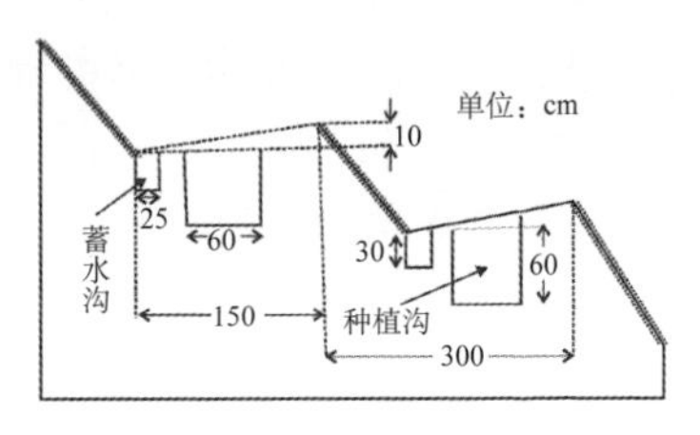

图3-3　斜坡带状整地

图3-4　穴状整地

二、造林技术

1. 造林密度

根据经营方式、立地条件、良种特性及管理水平确定初始密度。土层深厚、管理水平较高的林分早期可按2m×3.5m密度造林，8年后通过间伐措施调整为4m×3.5m。地力较差的造林地可按3m×3.5m密度种植，后期不再调整。总体种植密度每亩60~95株。不间种、不考虑早期收益可采用稀植方式。

2. 挖大穴施基肥

按规划密度定点挖穴。挖穴规格一般要求在 60cm × 60cm × 50cm 以上。挖穴后定植前可每穴施腐熟农家肥 5~10kg 或专用有机肥 3~5kg 作基肥。基将肥施于穴底与土拌匀，然后回填表土。严禁将树根、石块回填至穴内。注意，种植穴须造林前至少 1 个月回填，待雨季沉降后种植。

3. 种植

我国不同地区造林季节差异较大，一般宜在苗木萌芽前选择气温不低于 0℃、阴雨天或下透雨后造林。长江中下游地区可在 11 月至翌年 2 月底前，油茶分布北缘的安徽、河南、湖北在 1~3 月造林，陕西、云南、贵州等冬春干旱地区宜在雨季造林。容器苗造林可适当放宽时间限制。

为便于群体结构调整、抚育管理和果实采收，宜分良种成双行或多行种植，同一行良种一致，单一良种种植面积不宜超过半亩。较大面积采用不同成熟期早、中、晚良种搭配，但相邻良种要求花期相近。

造林前，2 年生裸根苗定干高 40~50cm，苗高不超过 40cm 不打顶。

种植前油茶苗根部应充分蘸泥浆，然后 30~50 株用塑料袋包裹根部携带上山造林，取一株栽一株，不宜提前分苗再栽。

种植时要求适度深栽（嫁接口可以埋入土内）、苗木扶正、根系舒展、根土紧实，最后在植株四周覆盖松土，要求穴盆填土高出周围地表 10cm 左右，呈馒头状，以防松土下沉积水。

丘陵山地种植后可在 6 月前、下过透雨后盖膜保墒，规格 80cm × 80cm，膜上覆土 3cm。夏季及时补覆裸露塑料膜。

注意事项：

（1）裸根苗造林。应选择阴雨天或下透雨后造林，做到随起苗随造林，远距离运输苗木过程中要注意保湿；定植前，2 年生裸根苗定高 30~40cm、蘸泥浆，定植时，做到适度深栽、踩实，但要避免根系直接与基肥接触，种植后，有条件的应浇透定根水；栽苗量较大时，栽植不完的苗木要开沟假植。

（2）容器苗造林。应选择雨季造林，造林时将容器浸湿，栽植坑宜小，坑底压平，以保证容器底部与坑土结合紧密无空隙。回填土要从容器周边向容器方向四周压实（切不可向下挤压容器），使土壤与容器紧密结合，适度深栽。

（3）栽后覆盖。定植后宜在树盘 60cm × 60cm 范围用稻草、黑膜等覆盖并压上薄泥土，以利于增温保湿。

三、抚育管理技术

科学的抚育管理是保证苗木造林成活、促进油茶生长发育、实现早实丰产的关键。油茶生长发育可分为幼林和成林两个阶段，幼林阶段主要是通过树体营养生长以形成合理冠层和发达根系，为开花结实做准备，因此，幼林的管护以促进树体营养生长、快速形成丰产树冠和稳产树型为目标；成林阶段是油茶高产、稳产的重要阶段，管护措施的重点是调节营养生长和生殖生长的平衡，达到提高产量、促进稳产的目的。

1. 3 年内幼林

（1）施肥。每年三四月份（春梢萌芽前）点施复合肥。具体方法为：用铁棒（铁棒长 1.2m，径粗 3.2cm，在下端 28cm 处焊一踏脚板），在距离树干 20cm 处，向树根方向倾斜（25°）插出一施肥孔穴（孔径 3~5cm，深 15~20cm），沿孔壁施入复合肥 25~50g，施后以土封口并踩实，东西或南北 2 个穴，隔年轮换。该阶段内幼林可以不施有机肥。

（2）培兜。栽后 2~3 个月，土沉实后应培一次土，以埋住嫁接口高出平面 5~10cm 为宜，同时做好排水沟，确保整个林地不积水。

（3）定干和修剪。定植当年秋天 40~50cm 打顶，控高（图 3-5）；第 2 年，通过疏删或短截控制徒长枝和偏冠枝，促进侧枝萌发与生长；第 3 年，以整形为主，确定主枝，清理 20cm 以下地脚枝和交叉枝，通过分层控高（20cm），增加分枝，避免过度修剪，修剪量不超过 30%（图 3-6）。

（4）套种。提倡林草、林药、林菜、林稻等多种模式复合经营；严禁套作高秆、藤本作物。注意套作作物须离树基 50cm 以外，且夏

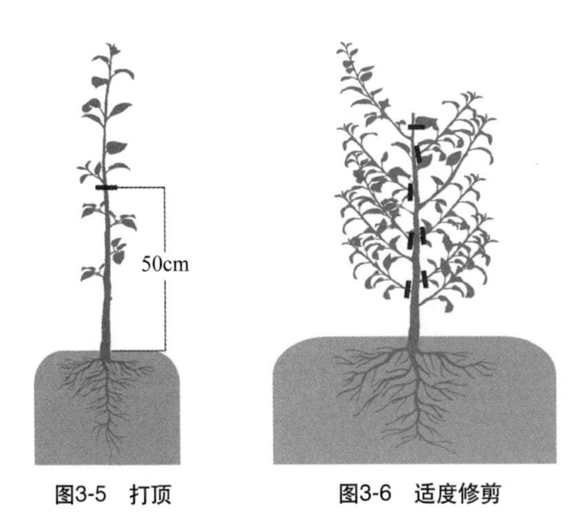

图3-5　打顶　　　　图3-6　适度修剪

季高温季节不宜翻动根际土壤。

（5）摘花。当年或次年摘除花芽，时间要求在9月底前完成。

2. 成林

（1）施肥。总体原则为：大年以磷钾肥、有机肥为主，小年以磷氮肥为主。采果后至翌年2月，施用有机肥1次，施肥量为每平方米冠幅施腐熟农家肥2~3kg，或成品有机肥0.5~1kg；生长势弱的林分可在5月下旬追施一次复合肥，施肥量为每平方米树冠0.2~0.3kg；施肥方式为沟施，沿树冠滴水线靠外10cm位置，挖深20cm以上，长50cm以上条沟，将肥料均匀施入沟内，回土压实。注意，宜每年在不同树冠方向轮换施肥，陡坡地则在树冠位置的上坡方向树冠外沿施肥，如此，当有雨水浸入，肥料可随水流方向向下渗透，使树根均匀受肥。

（2）中耕除草、垦复。提倡以草抑草。在油茶成林中除去蕨类、藤本、茅草等有害杂草，而人工培养或种植黑麦草、三叶草、苜蓿等豆科或有固氮能力的低矮的牧草、绿肥。长期以草抑草经营，有利于改善土壤肥力，减少除草用工。未实施以草抑草的林地应在6月份以前或9月份后进行林地除草工作，并于采果后在树冠外（20cm）由浅及深进行垦复。

（3）修剪是培育合理结果冠层、实现成年油茶林高产稳产的综合措施中的其中一项补充措施。科学修剪的树体结构合理，通风透光，枝梢健壮，花蕾饱满，病虫害少，方便采摘，产量稳定。鉴于目前对于油茶缺乏全生长期修剪科学试验，缺乏完整、科学的技术方案，多以经验性为主。

整形修剪时间：以油茶采摘后到春梢萌动前进行为好（一般在11月至翌年2月）。

整形修剪原则：强树轻剪，弱树重剪；大年重剪，小年轻剪；控高提干防中空；方法要因树制宜，先修下部（下脚枝），后剪中、上部（偏冠枝、徒长枝、结果枝）；先剪冠内（重叠枝、过密枝），后剪冠外（偏冠枝、徒长枝、结果枝）（图3-7、图3-8）。做到枝条分布均匀，上下不过分重叠，左右不拥挤。修剪应切口平滑，稍倾斜（图3-9）。通过修剪，保持林地叶面积指数4~5，树冠透光度为0.7。

注意事项：① 应根据育种单位提供的不同品种生长特性采用不同的修剪方式，树形直立品种，宜采用疏除和短截相结合的修剪策

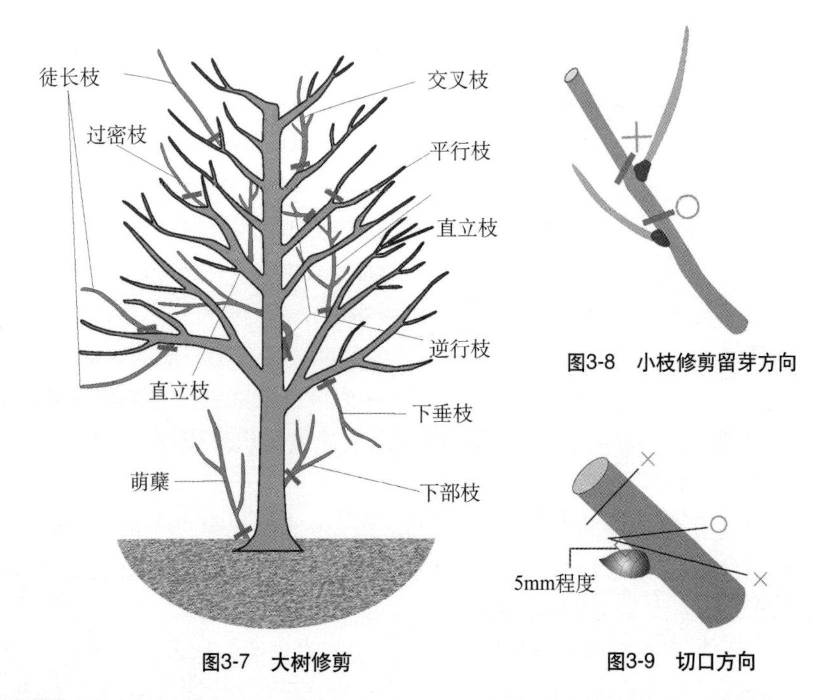

图3-7 大树修剪

图3-8 小枝修剪留芽方向

图3-9 切口方向

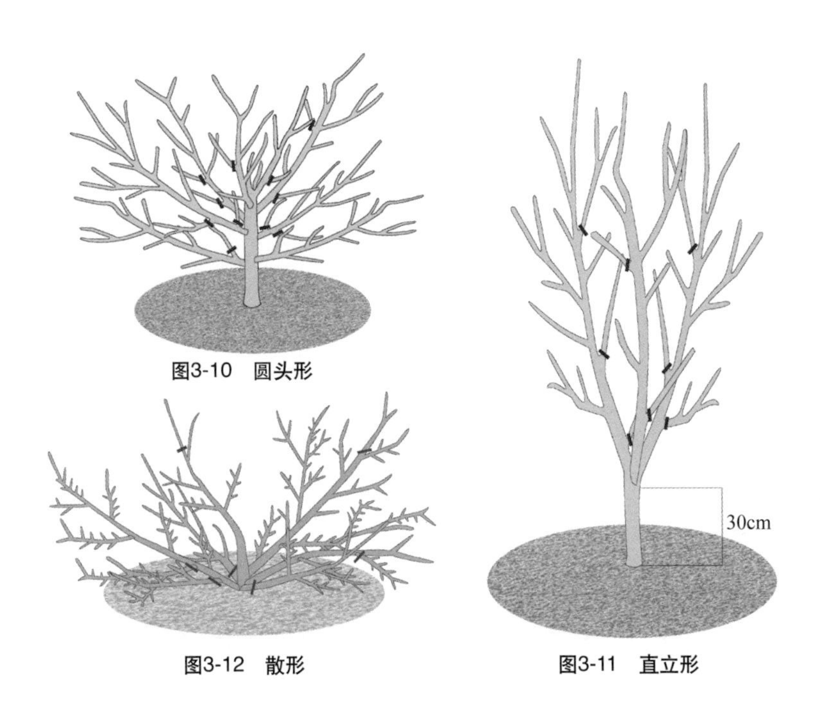

图3-10　圆头形

图3-12　散形

图3-11　直立形

略；紧凑型及树形开张品种，宜采用疏除为主的修剪方法（图 3-10 至图 3-12）。②每次修剪的强度不宜过大（当次修枝量不超过 30%），以免过多消耗养分和削弱光能利用。③修剪要与垦复、施肥、间作和防治病虫害等措施配合，以便尽快恢复树势，形成较理想的树体结构。④修剪的切口要平滑，因此，根据枝条不同部位和大小，分别用刀、剪、锯结合的方法修剪，但修剪工具要锋利。⑤修去的病虫枝尽快搬出林外妥善处理，最好烧毁。⑥修剪后加强树体管理，及时除萌、抹芽、以防养分分散和干扰树形。

（4）密度调整。根据品种和经营水平，当相邻两棵树侧枝交叉超过 20cm 时，及时修剪或调整林分密度。密度调整可采用行间品字形删减植株方式，充分利用空间。早期退耕还林后营造的 1.5m × 2m 调整为 3m × 4m（图 3-13）。2008 年以后种的由 2m × 3m 变为 4m × 3m（图 3-14），最后调整为每亩 50~70 株。不作调整或长期（复合）经营的林分可稀植，维持较长经营时间。

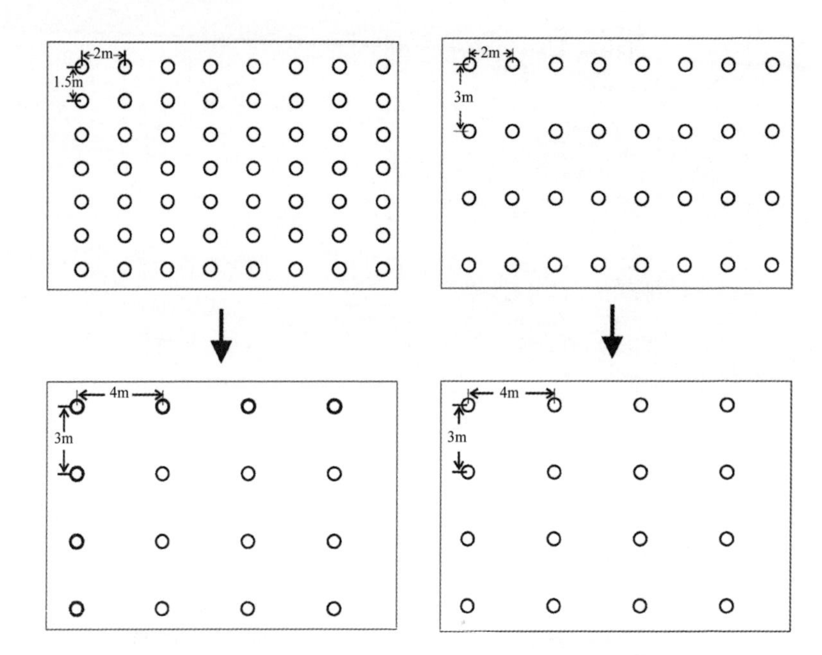

图3-13 密度调整（一）　　图3-14 密度调整（二）

四、采收技术

因不同良种成熟期不一致，较大面积提倡分良种种植，分良种采摘。一般植株中5%以上果实正常自然开裂时视为该品种进入果实成熟期，即可进行采收。研究表明，提早10天采收，将至少损失20%以上的油，因此要杜绝早采。注意，采摘时避免损伤花蕾。

采收后要妥善处理茶果，尽快使茶果开裂，提倡鲜果脱壳，及时烘干，然后去杂、筛选、分级、脱壳后尽快榨油。等待加工的茶籽以冷库贮藏为好（贮藏茶籽含水率应在10%以下）。如遇阴雨天无法及时晒干，可将茶籽铺在干燥通风处，厚约20cm，每天翻动1~2次，防止发热霉烂或发芽。处理好的油茶籽及时放在通风干燥处收藏。

第二节　油茶低产林改造技术

一、低产林及原因

一般每亩油茶林产油量低于7.5kg视为低产林。我国油茶现有低产林的面积较大，这些低产林一般都存在不同程度的荒、老、残、疏、密、杂等问题，主要的原因大致有下列几方面：

（1）品种差，丰产植株比例极低。

（2）林分密度不合理，过密导致冠层上移，自然枯枝，植株长势参差不齐，林相混乱。

（3）病虫害严重，感病率高，落果率达到1/3以上。

（4）管理粗放，林地贫瘠。不合理的垦复，使土层越来越薄，土壤肥力越来越低。

二、低产林改造原则及分类

低产林改造总原则是：优先采用良种重新造林，对于不准备新造林林分采取综合措施，分类改造。对现有油茶低产林根据不同林分密度、老残病植株的比例、林分的郁闭度、立地条件和品种类型等，进行综合分析，分类改造。依据现有油茶林状况，大体分3类分别进行改造：

（1）长期无管理，林相混乱，疏密不匀，油茶植株树龄不一的油茶林分，存在老、残、稀、杂等情况，树的长势弱，当年结实株率低于40%~60%的老林，交通较好，土层深厚。改造方法：重新造林改造。方法同前新造林。

（2）林相整齐，林龄一致（树龄20~50年），密度适宜（郁闭度在0.6以上），长势良好，当年结实株率70%以上的老油茶林。改造方法：采取去杂、去劣、垦复、施肥、截干回缩、整形修剪等技术措施，进行全林复壮。经2~3年分步实施提高油茶林产量。

（3）针对油茶单株产果量在2500g果以上，每亩油茶株数在50株以下的林分。改造方法：去掉杂灌、老弱病树后，用新品种大容器苗进行林窗补植，老树回缩复壮，管理同前。

三、油茶低产林改造的具体技术措施

1. 密度调整

对过密林分进行疏除，首先按成林合理群体密度进行调整后再采取改造措施。控制密度在每亩 70~80 株。调整时间在春节后至萌芽前。要求截干平整。考虑夏季灼热和可接受性，可采取逐步去除。

2. 复壮更新改造

对产量高、种源好的油茶衰老树进行树体复壮的更新改造方法。复壮更新方式有截干更新、截枝回缩留骨更新两种：

截干更新：即在油茶树休眠时的冬季或早春，于离地 20~50cm 的树干基部锯断萌发新枝，待萌条长出后，选留长势最旺的 2~3 根萌条培养成主枝，其余的除去。3~4 年后，即可更新培养形成健康壮实的新树体，重新结果投产。

截枝回缩留骨更新：在冬季或早春，对衰老油茶树进行留主枝和副主枝的截枝回缩，剪去其余所有枝条，仅留树体骨架，骨干枝完全暴露。这种更新一般 2~3 年即可恢复树冠，重新投产（图 3-15）。

3. 林地管理

林分清理：清除油茶林中除油茶树外的高大林木、杂灌木、寄生植物和有害杂草，挖除老残及病弱油茶树，同时做好清除寄生枝、病虫枝及枯死枝的“三清”工作。

图3-15 截枝回缩

劈山松土：每年六七月间，将油茶林内杂草灌木用刀劈或镰刀刈倒，平铺在地面使其自然腐烂，为油茶树生长提供养分。结合劈山进行水平带状松土，留 50cm 生草带只劈刈不松土，松土深度 5~10cm，减少病虫寄生场所，为油茶生长提供良好林地条件。

垦复：垦复方式有全垦、带垦和块状垦复，全垦即在梯带平地和缓坡地进行全面垦复，深度约30cm左右，将林地中树蔸、竹伐蔸和老竹鞭挖除，为油茶树根系生长创造一个疏松的土壤环境条件。带垦一般适用于坡度25°~30° 的油茶林地，采取环山带状轮流垦复，带宽8~10m，除去土中大石块、杂灌树头和草根等。块状垦复适宜坡度30° 以上的陡坡地带的油茶林，结合施肥围绕油茶植株进行环状或块状整地。

垦复每2年一次，在冬季或早春进行，即在11月下旬至翌年2月下旬。

4. 施肥

结合垦复，增施一定的肥料，是大幅度提高低产油茶林产量的关键技术措施。

油茶低产林改造施肥以农家肥（冬季使用）或速效化肥（生长季使用）为主。在劳动力比较充裕的情况下，可依据油茶果实生长发育阶段施肥，即在4月中旬至10月上旬施抽枝肥、促果肥、促花肥等。在劳动力比较缺乏的情况下，也可于春季萌动前每平方米树冠一次性施复合肥0.3kg。

施肥可采用株施或沟施。株施：即在油茶植株树冠边际地面投影带开深15cm左右的环形（或半月形）沟，施肥后随之覆土。沟施：即在油茶林内沿株间开一深为15~20cm水平沟，将肥料施入后覆土填平。

5. 整形修剪

整形修剪一般在12月至翌年3月（收摘茶果后到春梢萌发前）进行。

（1）原则要求。①上下不重叠，左右不拥挤；②一次修剪不宜过大，应以疏删、轻修为主；③主次分明，枝干结构合理，对无主干的丛生植株，原则上每蔸保留不超过3枝健壮的枝条；④生长势强的轻剪，生长势弱的重剪，幼年树强枝应重剪，弱枝轻剪；⑤切口平滑。

（2）修剪步骤。先剪下部，后剪中、上部；先剪冠内，后剪冠外。要求小空，内饱外满，左右不重，枝叶繁茂，通风透光，增大结果体积。一般剪去干枯枝、衰老枝、下脚枝、病虫枝、荫蔽枝、蚂蚁枝、寄生枝等。对徒长枝、交叉枝视情况合理修剪。对火烧后萌发的丛生枝应以疏删为主，每蔸选留2~3根作为主枝培养。

第四章
主要病虫害防控技术

病虫害对油茶生长危害严重。根据调查，每年因病虫害造成油茶损失占总产量的10%~25%，严重年份少数产区损失达总产量的45%以上。已知的油茶病虫害有数百种，其中包括病害50余种，虫害300余种，最常见的有油茶炭疽病、软腐病、根腐病、煤污病、白绢病、半边疯等病害和油茶织蛾、闽鸠蝙蛾、蓝翅天牛、茶籽象、蛴螬、油茶叶甲、茶毒蛾、油茶尺蛾、日本卷毛蚧、黑胶粉虱及茶蚕等害虫。

油茶病虫害的防治，应贯彻防重于治的方针，采取以营林技术为基础，综合集成物理、生物及绿色药剂防治等多项防治技术手段，力求“治早、治小、治了”。现将油茶主要的病虫害及防治措施介绍如下。

第一节　主要病害及防治方法

一、油茶炭疽病 *Colletotrichum gloeosporides* Penz

炭疽病分布于陕西、河南南部地区及长江流域以南各地油茶栽培区。危害油茶、茶、山茶。通常4~5月开始发病,7~9月蔓延最快，落果也最多，直至采收为止。

其为害面积大，发病期长，常发生在尚未革质化的夏、秋梢及其嫩叶、叶芽和花芽苞片基部、果实果皮上。感病部位首先出现红色小点，后逐渐扩大，形成棕色到褐色、圆形、半圆形或不规则形的病斑，最终导致落叶、落花、落果（图4-1）。

1~4.后期症状（1.病干上溃疡症；2.病叶；3.病蕾；4.病果）5.病原菌的分生孢子盘、刚毛和分生孢子；6~8.病原菌的子囊壳、子囊和子囊孢子（王景祥 绘）

图4-1 油茶炭疽病

防治措施

（1）选用抗病良种。新造林应选用抗炭疽病的油茶良种，如普通油茶中长林系列高产抗炭疽病良种。

（2）加强油茶林管理。结合油茶林管理，清除油茶林中炭疽病的病株、病果等病原物，最大限度地控制和消灭病原物。避免林分过密或枝叶着地。

（3）化学防治。预防可用 1% 波尔多液，每年在 3 月初、7 月中旬和 11 月上旬各喷 1 次；轻度发生时，可用 2% 波尔多液和 50% 退菌特可湿性粉剂交替防治，间隔时间为 15 天左右；重度发生时，可以 50% 退菌特可湿性粉剂和 50% 多菌灵可湿性粉剂交替防治，间隔时间为 5~7 天。3~4 月用 50%退菌特 300 倍液或 50%多菌灵 500 倍液 10 天喷 1 次连喷 4~5 次。6~7 月用 1% 的波尔多液 15 天喷 1 次，连喷 3~4 次；10~11 月用 50% 多菌灵 500 倍液 15 天喷 1 次，连喷 2~3 次。

二、白绢病 *Sclerotiumrol fsii* Sacc

白绢病也叫菌核性根腐病，分布于我国长江以南各地。危害油茶苗木。一般于6月上旬开始发病，7~8月为发病盛期，9月底基本停止扩展。

染病油茶苗，叶片逐渐凋萎脱落，根茎部皮层腐烂，全株枯死，容易拔起。病部生有丝绢状白色菌丝层，在潮湿环境下，大量的白色菌丝蔓延到苗木茎基部，以及周围的土壤和落叶上，在菌丝体上逐渐形成油菜籽样的或泥沙样的小菌核（图4-2）。

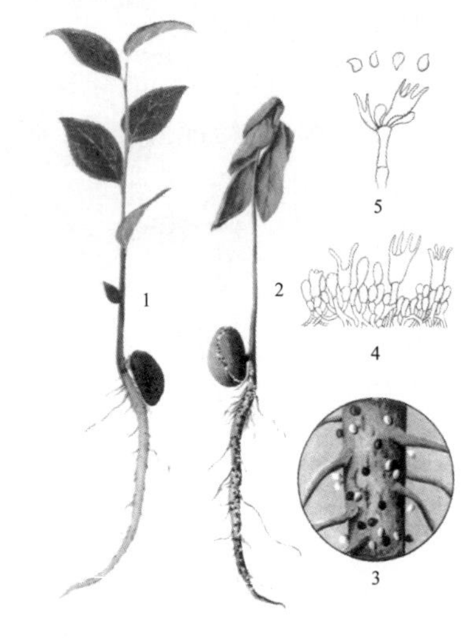

1.健康油茶苗；2.感病油茶苗；3.病苗根部放大，示菌核；4. 病原菌的担子层；5. 病原菌的担子和担孢子（黄启民 绘）

图4-2 油茶白绢病

防治措施

（1）选择圃地。选择深厚肥沃、排水良好的山脚坡地育苗；平地育苗，应做高床，深开沟。在肥力不足的土地上育苗，必须施足基肥。

（2）加强苗圃管理。及时清除病株，最大限度地控制和消灭病原物。

（3）化学防治。有效药剂与方法有：①每亩用75%的敌磺钠可溶性粉剂207~400g，兑水75~100kg喷茎基部或灌根，在发病初期连续喷2~3次。②用3000~6000倍96%恶霉灵(或1000倍30%恶霉灵)细致喷洒苗床土壤，每平方米喷洒药液3g，可预防苗期白绢病害的发生。③ 50%福美双可湿性粉剂500~750倍液喷雾，每隔5~7天喷1次，共喷2~3次。

三、软腐病 *Agaricodochium camellia* Liu

软腐病又叫落叶病，发病初叶片在晴天呈萎蔫状下垂，而阴天或早晚均能恢复正常状态。随着病害不断加重，植株逐渐失去恢复能力，引起软腐和脱落，严重时成片植株叶片落光，苗木枯死。江西、浙江、湖南、云南、湖北、贵州、广东、福建、广西、四川、陕西等地均有，一般零星发生，单株受害严重。

发生规律：雨量大，雨日连续期长，新病叶出现多，反之则病叶少。4~6 月是南方油茶产区多雨季节，气温适宜，是油茶软腐病发病高峰期。10~11 月小阳春天气，如遇多雨年份将出现第二个发病高峰。凹洼地、缓坡低地、油茶密度大的林分发病比较严重；管理粗放、萌芽枝、脚枝丛生的林分发病比较严重（图 4-3）。

1.初期病叶；2. 后期病叶（大部分叶已落）；3.病果；4.病叶放大：示黄白色的蘑菇菌体；5.分生孢子座；6.分生孢子梗与瓶状小梗；7.分生孢子（唐尚杰 绘）

图4-3　油茶软腐病

防治措施

（1）加强营林管理。首先，改造过密林分，适当整枝修剪（改造过密林分，去病留健，去劣留优）。其次，清除越冬病部，在冬季结合整枝修剪清除感病树上的越冬病部（叶、果、梢）。再次，加强苗圃地管理（应选择土壤疏松、排水良好的圃地育苗）。最后，加强检疫，严防带菌种子、苗木，穗条作种用，防止病害远距离传播蔓延。

（2）化学防治。①春梢展开后，喷施 1:1:100 波尔多液、10% 吡唑醚菌酯 500 倍液或 25% 嘧菌酯 800~1000 液喷雾。②病情严重的林分，可用 80% 代森锰锌可湿性粉剂 400~600 倍液，发病初期喷洒，连喷 3~5 次。③ 50% 福美双可湿性粉剂 500~800 倍液喷雾，每隔 5~7 天喷 1 次，共喷 2~3 次。

四、煤污病 *Meliola camelliae*（Catt）Sacc

油茶感染煤污病的症状为干部、枝梢枯死；叶部煤污、斑点、早落；花、果实早落。严重时全林漆黑一片，连年受害时，会引起树死林毁的后果。据调查，煤污病流行年份，油茶籽减产至少 10%~25%。凡有利于诱发害虫生长发育的环境条件，也有利于病菌的发生和蔓延，与油茶刺绵蚧及黑胶粉虱危害期相应，形成两个发病高峰。

防治措施

油茶煤污病由诱发害虫引起，因此，要防治病害必须防治油茶刺绵蚧、黑胶粉虱、龟蜡蚧等害虫，虫灭病自除。具体方法措施参见油茶主要害虫及其防治。

五、半边疯 *Corticium scutellare* Bertk & Curt.

俗名石膏病、白皮干枯病、白朽病、白腐病、油茶烂脚瘟。分布于浙江、江西、湖南、广东、广西等油茶产区，一般发病率为 3%~5%。

病斑在 7~9 月扩展最快，气温低于 13℃，病斑停止扩展。病斑多从树干或大枝基部背阴面开始，患部树皮局部下陷，树皮表面失去原来新鲜色泽，显得较为粗糙，病部及健部组织交界处有棱痕。随着病原菌深入，患部树皮外层的木栓层逐渐剥落，显出较为光滑的浅灰色皮层，以后逐渐变成黄白色，最后变成粉白色。病斑纵向扩展快，横向扩展慢，形成纵向长条状粉白色病斑，树干（大枝）半边生病，半边健康（图 4-4）。

图4-4　油茶半边疯

防治措施

（1）选择林地。新造林尽量避免选择山坞、低洼积水的林地种植油茶。

（2）加强林地管理，做好油茶林抚育工作，每年 11 月至翌年 3 月前，对老油茶林应砍除病害树、衰弱树；疏剪病枝、枯树桩；过多的萌发枝条，并运出林地外烧毁。

（3）药剂处理。对初发病的油茶树，及早刮去病部，涂抹 1:3:15 的波尔多液或石硫合剂，可以控制病害的发展。

六、茶苞病 *Exobasidium gracile* (Shirai) Syd.

茶苞病又名茶饼病、叶肿病、茶桃。分布于安徽、浙江、福建、台湾、江西、湖南、广东、广西、贵州。病菌在花芽开放之前侵入子房，早春受害子房迅速膨大，形如桃，中空，组织松软，故称茶桃或茶泡，味酸甜，可食。

1,2. 叶芽初发病，似花；3.发病后期，露白；4. 病叶死亡，干枯

图4-5　油茶茶苞病

阴湿、低温有利于此病害的侵染蔓延，据广西报道，气温 12~18℃、相对湿度 79%~88% 最适宜病害发生，超过 20℃，病菌进入越夏状态。在环境条件不适宜时病菌丝在寄主组织内越夏及越冬，翌年早春首先发病，产生大量茶泡（病幼果）和茶苞（病芽），这是该病主要发病形态（图 4-5）。

防治措施

（1）加强油茶林管理。对油茶管理、修剪要合理，保持适当的通风透光条件，促使油茶生长健壮。在担孢子成熟飞散前，在受害部位以下，剪除受害病部，烧毁或土埋。

（2）药剂防治。病害严重必要时在发病期间喷洒 1:1:100 波尔多液、或 75% 敌克松可湿性粉剂 500 倍液，可获得一定的防治效果。

另外，还有苗木菌核性根腐病、叶斑病、油茶饼病等病害和寄生生物（桑寄生、槲寄生、苔藓和地衣）等危害油茶生长，但发病率较低，危害较小。应该加强营林管理，防范和减少病害和寄生生物的发生。

第二节　主要害虫及其防治

危害油茶生长的害虫主要有毒蛾、尺蛾、刺绵蚧、粉虱、茶蚕、茶梢蛾等害虫。根据危害油茶的部位，害虫可分为苗圃害虫、叶部害虫、枝干害虫和果实害虫。

害虫防治工作应坚持预防为主、科学防治、持续控制、防控结合的原则。通过观察记录掌握害虫的生活史，综合应用人工扑杀、灯光诱杀及药剂防治等防治技术手段，结合林地管理工作积极防范害虫侵害。下面对常见害虫的形态特征和防治方法分别进行详细介绍。

一、油茶象 *Curculio chinensis* Chevrolat

油茶象又叫山茶象，属鞘翅目象甲科。分布于安徽、上海、江苏、浙江、福建、江西、湖北、湖南、广东、广西、四川、贵州、云南。危害油茶、茶树和山茶科山茶属多种植物的果实。

成虫钻蛀幼果，产卵于果内，孵化幼虫取食种仁，引起严重落果，落果率达25.5%~38.4%（图4-6）。

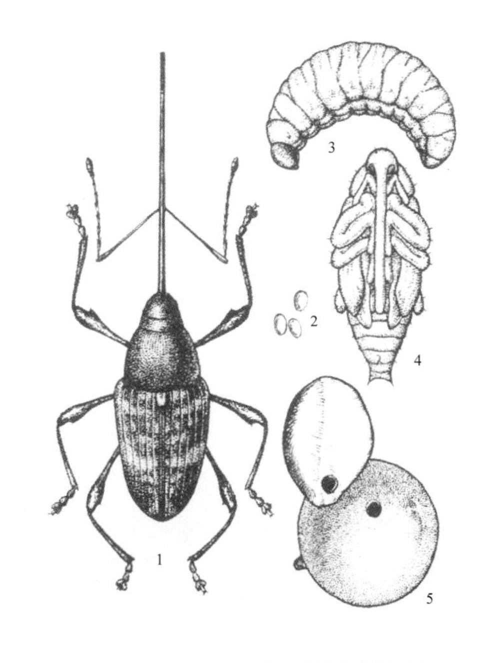

1.成虫；2.卵；3.幼虫；4.蛹；5.被害状（张翔 绘）

图4-6　油茶象

防治措施

（1）加强油茶林管理。结合秋冬垦复，可以击毙部分幼虫；老林应适当整枝，改善通风透光条件，可以促进油茶生长健壮，减轻为害。

（2）人工防治。在成虫盛发期，可利用成虫假死性，用人工捕杀；在落果盛期，捡拾落地茶果，集中销毁，可以消灭果中幼虫，兼防油茶炭疽病越冬病原。

（3）晒场灭虫。油茶采收后，集中堆放晒场时，可以放鸡啄杀；广西、湖南有将茶果堆集于稻田，待茶籽收完后，放水浸泡，以淹死幼虫。

（4）虫情严重林分，在5~7月成虫盛发期，用绿色威雷200~300倍液或噻虫啉500倍液喷施1~2次。

二、毒蛾 *Porthesia similis*

毒蛾又名毛虫，属鳞翅目毒蛾科。在油茶上取食危害的毒蛾有茶黄毒蛾 *Euproctis pseudoconspersa* Strand、乌桕黄毒蛾 *Euproctis bipunctapex* Hampson、木麻黄毒蛾 *Lymantria xylina* Swinhoe、茶茸毒蛾 *Dasychira baibarana* Matsumura、茶白毒蛾 *Arctornis alba* Bremer等多种。油茶各产区均有分布。

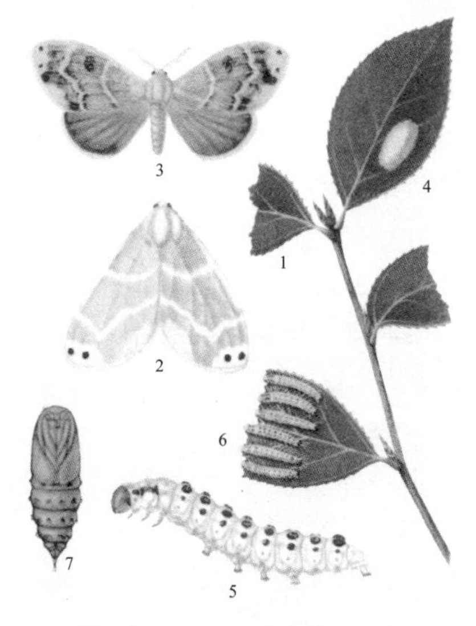

1.油茶被害状；2.雌成虫；3.雄成虫；4.卵块；5.幼虫；6.幼虫取食状；7.蛹（唐尚杰，王景祥 绘）

图4-7　茶毒蛾

幼虫取食油茶叶，并啃食幼芽、嫩枝外皮及果皮，被害严重的油茶林不仅

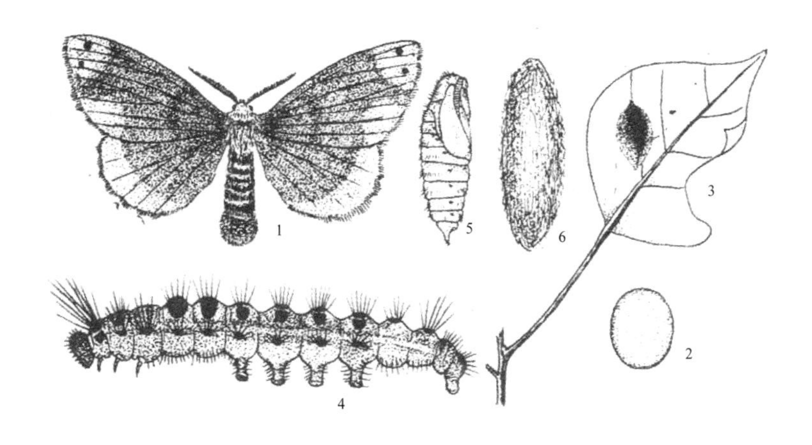

1.成虫；2，3.卵；4.幼虫；5.蛹；6.茧（徐天森绘）

图4-8　乌桕黄毒蛾

叶片被食光，而且果实不到成熟即脱落，重则颗粒无收，连续二三年严重受害，植株就会枯死。幼虫螯毛由有钩的小针突组成，人体接触，引起红肿、痒痛，危及人体健康（图 4-7、图 4-8）。

防治措施

（1）加强油茶林管理。越冬幼虫群聚越冬，结合茶林抚育，消灭越冬幼虫。同时利用幼虫下树蔽荫习性，予以消灭。

（2）人工捕杀。卵块产地位置低，早春可摘除越冬卵块。初龄幼虫有吐丝下垂的习性，群集性强，被害状明显，将枯黄或灰白色膜质被害叶片摘掉，将幼虫杀死。在捕杀时，注意防护，以免毒毛刺皮肤。

（3）灯光诱杀。成虫趋光性强，可以利用黑光灯诱杀。

（4）药剂防治。①对 3 龄前幼虫可用 1.8% 阿维菌素 2500~3000 倍液进行防治。夏季可用青虫菌、杀螟杆菌或 2 种菌剂混合使用。②用联苯菊酯 10% 乳油 3000~10000 倍液，或 20% 灭幼脲 1500~3000 倍液喷雾，每亩用药液 50~70kg。

三、尺蛾 *Biston marginata* Shiraki

尺蛾又名尺蠖、拱拱虫、步量虫，属鳞翅目尺蛾科。分布于安徽、浙江、福建、台湾、江西、湖南、湖北、广西。主要危害油茶、油桐、乌桕、茶树等十余种植物。有油茶尺蛾 *Biston marginata* Shiraki、油桐尺蛾 *Buzura suppressaria* Guenee 等。

尺蛾初孵幼虫常集结危害，啃食叶肉大发生时可将成片油茶林叶片吃光，影响树木生长，严重时导致植株枯死（图 4-9、图 4-10）。

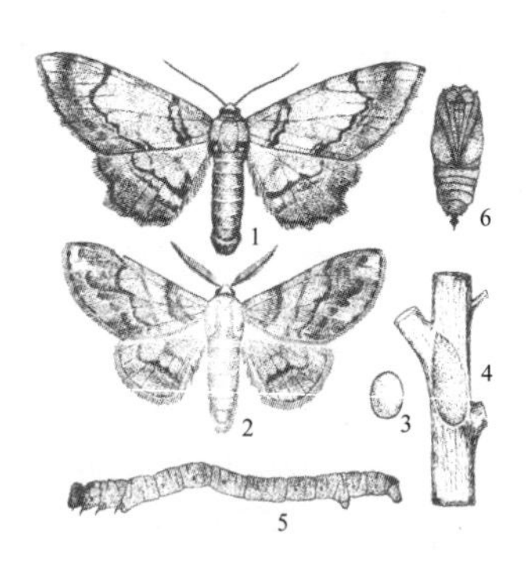

1，2.成虫；3，4.卵及卵块；5.幼虫；6.蛹
（1~2张翔 绘；3~6徐天森 绘）

图4-9　油茶尺蛾

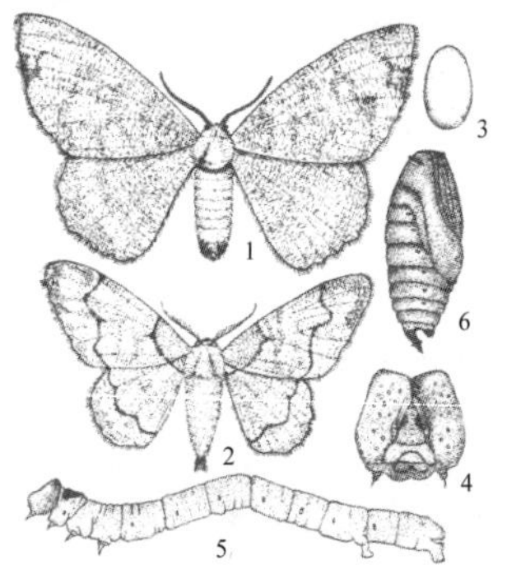

1，2.成虫；3.卵；4.幼虫头部放大；5.幼虫；6.蛹
（1~2刘公辅 绘；3~6徐天森 绘）

图4-10　油桐尺蛾

防治措施

（1）加强油茶林管理。秋季结合垦复进行培土将蛹埋在 2 寸（1 寸 =0.033m）以下土中，使之不易羽化。

（2）人工捕捉。利用幼虫假死性，于清晨进行捕杀，或成虫期用黑光灯诱杀成虫。

（3）生物防治。用白僵菌、苏云金杆菌每毫升 1 亿 ~2 亿孢子的菌液喷杀低龄龄幼虫，灭虫率达 90% 以上。

（4）药剂防治。应掌握在 3 龄之前进行为好，此时幼虫抗药力低，防效高。①用 1.8% 阿维菌素 2500~3000 倍液进行喷雾防治。②用联苯菊酯 10% 乳油 3000~10000 倍液，或 20% 除虫脲悬浮剂 2000~5000 倍液喷雾，亩用药液 50~70kg。

四、黑跗眼天牛 *Bacchisa atritarsis* (Pic)

黑跗眼天牛又名蓝翅眼天牛，属鞘翅目天牛科。分布于山东、陕西、安徽、浙江、福建、台湾、江西、湖北、湖南、四川、广东、广西、贵州。

幼虫蛀食油茶枝条，被害枝条极易风折，严重影响油茶树的生长及茶籽产量和出油率（图 4-11、图 4-12）。

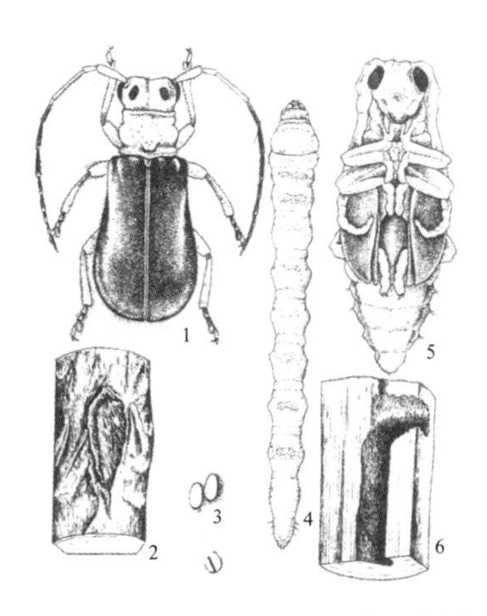

图4-11　黑跗眼天牛

图4-12　黑跗眼天牛为害油茶状

防治措施

（1）击杀虫卵。产卵刻槽明显，卵期可用锤击产卵刻槽，以杀死卵。

（2）加强茶林抚育管理。冬季结合抚育管理剪去虫枝，并及时烧毁，以减少虫源，促进植株健康生长。

（3）药剂防治。成虫产卵前用 8% 绿色威雷 300 倍液，喷枝干触杀成虫。

五、闽鸠蝙蛾 *Phassus minanus* Yang

闽鸠蝙蛾属鳞翅目蝙蝠蛾科。分布于浙江、福建、江西、广东、广西、贵州等地区。可危害茶叶、茶花、油茶、枇杷、柑橘、荔枝及龙眼等植物。

幼虫在土面下浅处先蛀入本质部作一隧道，藏身其中。取食时，爬出隧道洞外绕地下部主干周围咬食韧皮部。被害处呈宽约9~12 mm 的虫道一圈状如环状剥皮。影响植株的养料输送，当年秋冬叶片发黄脱落，渐至枯死。

防治措施

（1）林木检疫。幼虫在树干及根部隐蔽危害，在转移苗木时重点检疫，防治虫苗扩散。

（2）物理防治。依据油茶叶的颜色，挖开主干基部浅层土壤，发现虫孔可用棉花蘸阿维菌素乳剂或专用毒签堵孔；及时清理烧毁危害致死的油茶。

（3）生物防治。在油茶基部土壤中埋施白僵菌粉剂防治。

（4）药剂防治。幼虫期在油茶基部埋施毒死蜱、辛硫磷或噻虫胺颗粒剂，20~40g/ 株。另外，因低龄幼虫需取食腐殖质，建议对未腐熟的有机肥进行药剂处理；猖獗时，可用 90% 晶体敌百虫 800 倍液或 50% 辛硫磷乳油 500 倍液，任选以上一种药液灌根。

六、油茶粉虱 *Aleurotrachelus camelliae* Kuwana

油茶粉虱，也称黑胶粉虱，属同翅目粉虱科。分布于我国河南、浙江、福建、湖南及日本，危害于普通油茶、石栎，每年 8 月份至翌年 3 月危害严重（图 4-13）。

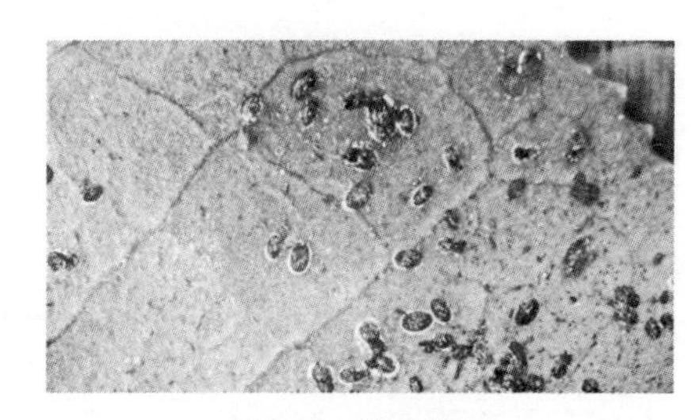

图4-13　油茶粉虱

防治措施

（1）加强油茶林管理。油茶粉虱喜阴湿，并且从 2 龄幼虫到成虫羽化前（8 月至翌年 3 月）固定性生活。通过修剪，去除严重病虫枝叶，压低虫口密度，增强通风透光。

（2）菌剂防治。在 6 月下旬到 7 月幼虫孵化后，林间应用每毫升含 3.6×10^7 扁座壳孢孢子的悬浮液喷雾，致死率 80% 左右。

（3）药剂防治。在粉虱零星发生时开始喷洒 20% 扑虱灵可湿性粉剂 1500 倍液或 25% 灭螨猛乳油 1000 倍液，隔 10 天左右 1 次，连续防治 2~3 次。生育期药剂防治 1~2 龄时施药效果好，可喷洒 20% 吡虫啉(康福多)浓可溶剂 3000~4000 倍液、20% 灭扫利乳油 2000 倍液、10% 扑虱灵乳油 1000 倍液。3 龄及其以后各虫态的防治，最好用含油 0.4%~0.5% 的矿物油乳剂混用上述药剂，可提高杀虫效果。单用化学农药效果不佳。在 6 月下旬到 7 月幼虫孵化后，喷洒 25% 亚胺硫膦乳油 2000 倍液，或 50% 马拉松乳油杀死初孵幼虫。

七、茶蚕 *Andraca bipunctata* Walker

茶蚕又名茶叶家蚕、茶龙、茶狗子，属鳞翅目蚕蛾科。分布于我国长江以南各地；危害茶、油茶。为害盛期分别在 3~5 月和 9~11 月。

幼虫喜群集，1 龄幼虫在原卵块处聚集或取食；2 龄幼虫常十至百余头群集于叶背，从叶缘向内取食，仅留主脉，食完一叶后群迁至另一叶为害；3 龄后转移至枝上群集或挤作一团，大量蚕食叶片，吃光一丛、一枝，又在夜间转移他枝为害（图 4-14、图 4-15）。

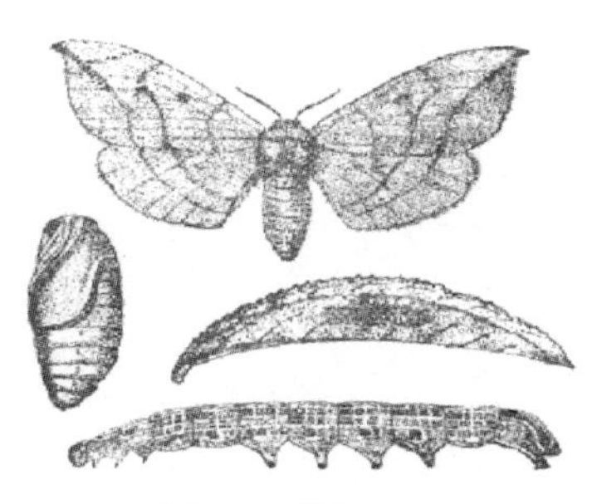

图4-14 茶蚕（一）

图4-15 茶蚕（二）

防治措施

(1) 清园灭蛹。结合油茶林冬季管理，将茶丛根际附近的枯枝落叶及表土清至行间，深埋入土。

(2) 人工捕杀。茶蚕幼虫具有群集习性，且无毒毛，便于人工捕捉，也可用振落后捕杀，可在采茶及田间管理时摘除卵叶。

(3) 生物防治。幼虫期可用每克含孢子 100 亿的青虫菌或杀螟杆菌 500g，用水稀释喷洒，可取得 95% 以上的防治效果；每公顷施用 3~4.5g 的颗粒体病毒，其防治效果可达 90% 以上，且持效期长，后效作用明显。

(4) 化学防治。在低龄幼虫期，用 10% 联苯菊酯乳油 3000~10000 倍液喷雾，亩用药液 50~70kg；或 10% 吡虫啉可湿性粉剂 1500 倍液，隔 10 天左右 1 次，连续防治 2~3 次；或或 20% 除虫脲悬浮剂 3000~5000 倍液喷雾。

八、茶梢尖蛾 *Parametriotes theae* Kuz.

茶梢尖蛾俗名称茶梢蛾、茶蛀梢蛾，属鳞翅目尖蛾科。分布于我国河南、陕西及长江以南各地。幼虫先潜食叶肉，留下表皮，呈黄褐色圆斑，后期蛀食枝梢，致使芽梢停止生长，枯萎易折。幼虫危害期为 7 月下旬至 9 月下旬。10 月中旬到翌年 4 月上旬陆续迁移到枝梢内为害（图 4-16）。

1.成虫；2.幼虫；3.蛹；4.油茶被害状；5.初孵幼虫为害潜斑；6.幼虫蛀梢害状；7.茧（唐尚杰 绘）

图4-16 茶梢尖蛾

防治措施

（1）加强检疫。严防该虫从苗木传播扩散。

（2）人工修剪。在幼虫盛期，5 月集中剪除被害叶、梢于纱笼或简易阴棚内，待寄生蜂等天敌羽化后，将被害叶烧毁。

（3）药剂防治。在危害严重的油茶林中，于 3~4 月，当幼虫转移时，用 10% 联苯菊酯乳油 3300~10000 倍液喷雾，亩用药液 50~70kg；或 10% 吡虫啉可湿性粉剂 1500 倍液，隔 10 天左右 1 次，连续防治 2~3 次；或用 40% 氧化乐果乳油 1000 倍液喷雾，亩用药液 30~60ml。

九、绿鳞象甲 *Hypomeces squamosus* Fabricius

绿鳞象甲又名蓝绿象、大绿象。属鞘翅目象甲科。分布于江苏、安徽、浙江、江西、台湾、福建、广东、广西、湖南、湖北等地。

幼虫取食树木细根，成虫取食油茶的嫩枝、芽、叶，能将叶食尽，严重危害时还要啃食树皮，影响树势生长或全树枯死（图 4-17）。

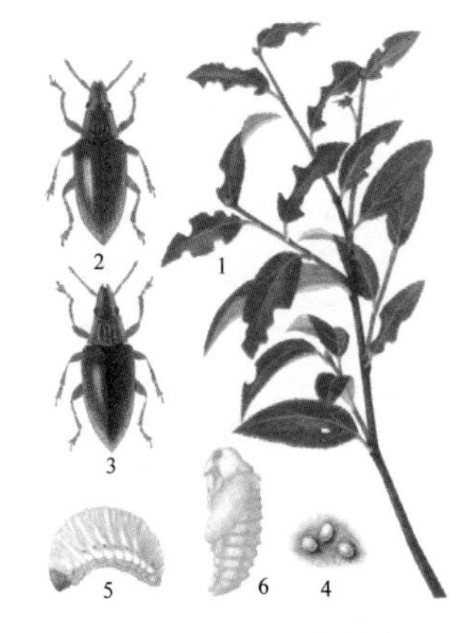

1.油茶被害状；2，3.两种色型成虫；4.产在土内的卵；5.幼虫；6.蛹（黄启民 绘）

图4-17　绿磷象甲

防治措施

（1）人工捕捉。利用成虫假死性，人工捕捉成虫，集中消灭。

（2）菌剂防治。用每毫升 0.5 亿孢子的白僵菌喷雾效果良好。

（3）药剂防治。4 月中下旬，喷用 90% 敌百虫。

十、油茶织蛾 *Casmara patrona* Meyrick

油茶织蛾又名油茶蛀蛾、油茶钻心虫、油茶茶枝镰蛾，隶属鳞翅目（Lepidoptera）织蛾科（Oecophoridae），是油茶、茶树等山茶科植物的重要害虫。在我国油茶产区均有分布。

幼虫蛀入枝干内危害，造成油茶主侧枝枯死，茶籽产量显著下降。

防治措施

（1）营林措施。每年 8 月剪除被害枯枝，集中烧毁。对较密的油茶林应及时疏伐与修剪，保证林内通风透光。

（2）灯光诱杀。成虫趋光性强，可在羽化盛期进行灯诱，但要连续 2 ~ 3 年，可大大降低虫口基数。

（3）药剂防治。在幼虫孵化期，可喷用 8% 用绿色威雷 200 ~ 300 倍液，当幼虫爬行钻蛀时，触“雷”而死。

十一、棉褐带卷蛾*Adoxophyes orama* Fischer von Roslerstamm

棉褐带卷蛾又名苹小卷蛾、远东褐带卷蛾、网纹褐卷叶蛾、茶小卷蛾，属鳞翅目卷蛾科。分布我国各地，仅甘肃、新疆、云南、西藏目前尚未见记录。

初孵幼虫群栖在叶片上危害，3 龄以后分散取食，并常吐丝缀叶成苞，在苞中啃食叶肉，造成叶片网状或孔洞，4 龄后取食全叶，有的还啃食果皮，影响油茶减产和果品质量下降（图 4-18）。

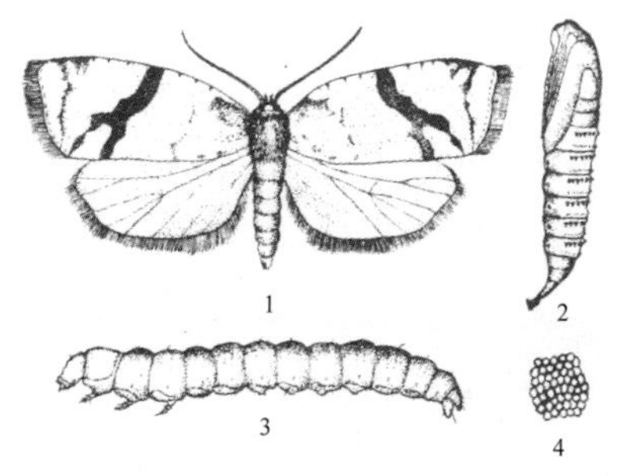

1.成虫；2.蛹；3.幼虫；4.卵块

图4-18　棉褐带卷蛾

防治措施

(1) 保护和利用天敌。如赤眼蜂、姬蜂、肿腿蜂、茧蜂、绒茧蜂等。

(2) 诱杀成虫。用黑光灯诱杀成虫，有利于保护天敌，对环境也无污染

(3) 药剂防治。在越冬代幼虫和第一代初孵幼虫期，幼虫虫口密度高时，喷施 50% 敌马合剂 2000 倍液，或用 20% 杀灭菊酯每亩 10~20ml，稀释 8000~10000 倍液喷雾。

总之，对于危害油茶生长的害虫（其余虫害见表 3 至表 5），均可通过加强营林管理、检疫监测、人工捕杀和药剂防治的方法进行消灭，同时在使用药剂防治时，还应注意不能使用国家明令禁止使用的农药（表 6），以免农药在茶籽里残留，对所得茶油品质构成影响。

表3　苗圃害虫的特点及防治

<table>
<tr><th>害虫名称</th><th>危害时期</th><th>危害特点</th><th>防治方法</th></tr>
<tr><td>非洲蝼蛄</td><td>8月立秋至11月立冬，此时新羽化的成虫和当年孵化的若虫，均需取食，以促进生长发育，并积累营养准备越冬</td><td>可咬食刚播下和发芽的种子，或食害幼苗嫩茎，常将根部或根颈部咬食成乱麻状，导致幼苗生长发育不良或枯死，同时其在地面活动时，挖掘隆起的隧道，造成幼苗和土壤分离，失水而枯死</td><td rowspan="3">1.加强苗圃管理。对圃地要深翻多耙，精耕细作，中耕除草，施用腐熟后的有机肥，可以破坏害虫的适生环境，或借机械作用杀伤一部分虫体；冬季翻耕，可将虫体翻至土表，受天敌侵害或自然环境影响而死亡；用氨水作基肥，对害虫有一定杀伤作用，对已有苗木的圃地，也可用16%氨水1份兑水12份浇根，施用前先在苗木行间距苗10cm处开沟，浇施后覆土，可起到既施肥又杀虫的作用。
2.苗期幼虫危害时，可在苗木行间开沟，灌入9%敌百虫晶体1000～1500倍液，使药液渗到苗木根部，然后覆土。
3. 施用毒饵诱杀。可用90%敌百虫晶体或40%乐果乳油10倍液，拌炒香的米糠或谷糠、麦麦夫等饵料，于傍晚撒于苗床，可诱杀害虫，但应注意防止家禽、家畜误食。
4.大水冬灌或春灌。可减少圃地虫口</td></tr>
<tr><td>蛴螬</td><td>从3月至8~9月间都有不同虫态和不同龄期的幼虫发生</td><td>植食性蛴螬严重危害农林作物下地部分，其成虫（金龟子）补充营养时，还危害叶、芽、花、果实等</td></tr>
<tr><td>小地老虎</td><td>从10月到翌年4月都见发生和危害。黄河以南至长江沿岸年4代，长江以南年4~5代，南亚热带地区年6~7代。无论年发生代数多少，在生产上造成严重危害的均为第一代幼虫</td><td>幼虫在土中生活，白天潜伏于幼苗根部附近表土内，夜出于地表咬断苗茎，拖到穴内取食，苗木本质化后，则改食嫩芽和叶片，造成缺苗断垄</td></tr>
</table>

表4 叶部害虫的特点及防治

害虫名称	危害时期	危害特点	防治方法
日本龟蜡蚧	3~4月就开始取食，8月下旬至10月上旬，雌虫陆续由叶转到枝上固着为害，至秋后越冬	若虫和雌成虫刺吸枝、叶汁液，排泄蜜露常诱致煤污病发生，削弱树势重者枝条枯死	1.人工防治。做好苗木、接穗、砧木检疫消毒。剪除虫枝或刷除虫体。冬季枝条上结冰凌或雾凇时，用木棍敲打树枝，虫体可随冰凌而落。 2.生物防治。保护引放天敌。天敌有瓢虫、草蛉、寄生蜂等。 3.化学防治。刚落叶或发芽前喷含油量10%的柴油乳剂，如混用化学药剂效果更好。初孵若虫分散转移期50%稻丰散乳油1500~2000倍液。也可用矿物油乳剂，夏秋季用含油量0.5%，冬季用3%~5%或松脂合剂夏秋季用18~20倍液，冬季用8~10倍液
刺蛾	6月中旬至8月上旬均可见初孵幼虫，8月为害最重，8月下旬开始陆续老熟入土结茧越冬	幼虫啃食叶（低龄啃食叶肉；稍大则成缺刻和孔洞。严重时食成光秆）	1. 人工防治。挖除树基四周土壤中的虫茧，减少虫源。大部分刺蛾成虫具较强的趋光性，可在成虫羽化期于19：00~21:00用灯光诱杀。 2.生物防治。以浓度为每毫升含2.3×10^5~2.3×10^7个孢子的纵带球须刺蛾核型多角体病毒防治，效果达100%；将感病幼虫（含茧）粉碎，于水中浸泡24小时，离心10分钟，以粗提液20亿PIB/ml的黄刺蛾核型多角体病毒稀释1000倍液喷杀3~4龄幼虫，效果达76.8%~98%。 3. 化学防治。幼虫盛发期喷洒25%爱卡士乳油1500倍液、5%来福灵乳油3000倍液
茶柄脉锦斑蛾	7月上、中旬的幼虫较为严重。	幼虫取食叶片留下叶柄，严重影响果实的发育及后期干物质的积累，造成减产	1. 人工防治。加强茶林管理，冬季结合油茶林垦复，在树树根部四周培土覆盖，稍加镇压，可杀死越冬幼虫，防止成虫羽化出土。 2.生物防治。用青虫菌、或杀螟杆菌、或苏芸金杆菌每毫升含0.25亿~0.5亿孢子液单喷效果较好。 3.化学防治。在为害严重的茶林，当幼虫孵化时可喷洒90%晶体敌百虫1500倍液
袋蛾	4~6月初龄幼虫仅食叶片表皮。10月中、下旬，幼虫逐渐抽枝梢转移，将袋囊用丝牢牢固定在枝上，袋口用丝封闭越冬	幼虫取食树叶、嫩枝皮及幼果。大发生时，几天能将全树叶片食尽，残存秃枝光干，严重影响树木生长，开花结实，使枝条枯萎或整株枯死	1.人工防治。人工摘袋囊，冬季可见到树冠上袋蛾的袋囊，尤其是大袋蛾的袋囊十分明显，可采用人工摘除，把袋蛾幼虫饲养家禽。 2.生物防治。寄蝇寄生率高，要充分保护和利用。喷撒苏云金杆菌、杀螟杆菌1亿~2亿孢子/ml防治袋蛾，防治效果 85%~100%。 3. 化学防治。7月上旬喷施90%敌百虫晶体水溶液1000~1500倍液，2.5%溴氰菊酯乳油5000~10000倍液防治大袋蛾低龄幼虫

（续）

害虫名称	危害时期	危害特点	防治方法
瓦同缘蝽	4月中旬越冬成虫开始活动，第一代若虫于5月上旬至6月中旬孵出，局部第三代若虫8月下旬至9月初孵出	若虫喜在嫩花上吸汁。成虫多在嫩茎、嫩枝上危害；中午强日照时，常栖息叶荫下。冬季温暖，春季少雨的年份发生较重；阳坡和较避风处的寄主受害亦较重	1.人工防治。零星发生不防治。成虫、若虫危害时，人工震落捕杀。 2.生物防治。红缘猛措始发生期尽量不使用农药，以保护这种天敌昆虫。 3.化学防治。成虫出蛰密度大，预计大面积发生时，可在成虫产卵期、若虫孵化期（最好若虫3龄前）喷洒1.1%烟百素乳油1000~1500倍液、27%皂素烟碱溶剂400倍液、0.26%苦参碱水剂500~1000倍液、0.88%双素碱400倍液、3%除虫菊素乳油900~1500倍液、2%烟碱乳剂900~1500倍液、0.3%印楝素乳油1000~2000倍液等
铜绿丽金龟	5月底成虫出现；6、7月间为发生最盛期，是全年危害最严重期，8月下旬渐退，9月上旬成虫绝迹	成虫取食叶片，常造成大片幼龄果树叶片残缺不全，甚至全树叶片被吃光	1.人工防治。利用成虫的假死习性，早晚振落捕杀成虫。利用成虫的趋光性，于黄昏后在田边边缘点火诱杀或用黑光灯大量诱杀成虫。 2.生物防治。药剂防治在成虫发生期树冠喷布50%杀螟硫磷乳油1500倍液，或喷布石灰过量式波尔多液，对成虫有一定的驱避作用

表5　常见枝干和果实害虫

害虫名称	危害时期	危害特点	防治方法
黑蚱蝉（知了）	枝干害虫。危害发生期为6~10月	若虫在土壤中刺吸植物根部，为害数年。成虫随气温回暖，上移刺吸为害。	1. 剪除卵枝。 2. 捕捉若虫。人工捕捉老熟若虫或初羽成虫。 3. 灯光诱集成虫。7月初老熟若虫在成虫羽化前，安装黑光灯诱集成虫，特别是7月下旬成虫高峰期，效果更好
油茶宽盾蝽	果实害虫。危害期为4~10月，若虫期7个月，成虫寿命2个月或再长些	若虫在茶果上吸食汁液，影响果实发育，减低产量和出油率，还由于吸食茶果而诱发油茶炭疽病，会引起落果	1. 加强油茶林管理。修剪茶林中的衰老枯枝、濒死、倒伏茶树，调整林分密度，促进油茶生长健壮，减轻病虫的侵害。 2. 人工捕捉。在若虫3、4龄时，用塑料袋制作的捕虫网人工捕捉。 3. 药剂防治。用每毫升含0.5亿~1.0亿孢子的白僵菌液喷雾防治小若虫、或用50%杀螟松乳油，或2.5%溴氰菊酯乳油，或20%速灭菊酯乳油5000倍液喷雾防治若虫

表6　国家明令禁止使用的农药

类　别	药品名称
国家明令禁止使用的农药(18种)	六六六、滴滴涕、毒杀芬、二溴氯丙烷、杀虫脒、二溴乙烷、除草醚、艾氏剂、狄氏剂、汞制剂、砷类、铅类、敌枯双、氟乙酰胺、甘氟、毒鼠强、氟乙酸钠、毒鼠硅
在蔬菜、果树、茶叶、中草药材上不得使用的农药(19种)	甲胺磷、甲基对硫磷、对硫磷、久效磷、磷胺、甲拌磷、甲基异柳磷、特丁硫磷、甲基硫环磷、治螟磷、内吸磷、克百威、涕灭威、灭线磷、环磷、蝇毒磷、地虫硫磷、氯唑磷、苯线磷
限制使用的农药(2种)	三氯杀螨醇、氰戊菊酯不得用于茶树上

注：此外，任何农药产品都不得超出农药登记批准的使用范围使用。

由于杀虫剂的作用方式分别为触杀（直接接触虫体才能使昆虫致死）、喂毒（要让昆虫吃进去才会致死）、熏蒸（气味也可以杀虫）和内吸（可以被植物吸收，当昆虫取食植物时也会被杀死），可以根据需要选择与禁用农药作用方式相同的其他药品进行药物防治。

附表

附表1　全国油茶主推品种目录

（全国共121个品种，国审49个）

浙江省			
共计	品种名称	审（认）定良种编号	使用区域
1	长林4号	国S-SC-CO-006-2008	浙江油茶适生区
2	长林40号	国S-SC-CO-011-2008	浙江油茶适生区
3	长林53号	国S-SC-CO-012-2008	浙江油茶适生区
4	长林18号	国S-SC-CO-007-2008	浙江油茶适生区
5	长林3号	国S-SC-CO-005-2008	浙江油茶适生区
6	长林23号	国S-SC-CO-009-2008	浙江油茶适生区
7	浙林2号	浙S-SC-CO-012-1991	浙江油茶适生区
8	浙林5号	浙S-SC-CO-004-2009	浙江油茶适生区
9	浙林6号	浙S-SC-CO-005-2009	浙江油茶适生区
10	浙林8号	浙S-SC-CO-007-2009	浙江油茶适生区
11	浙林1号	浙S-SC-CO-011-1991	浙江油茶适生区
12	浙林10号	浙S-SC-CO-009-2009	浙江油茶适生区
安徽省			
共计	品种名称	审（认）定良种编号	使用区域
1	长林4号	国S-SC-CO-006-2008	安徽油茶适生区
2	长林18号	国S-SC-CO-007-2008	安徽油茶适生区
3	长林40号	国S-SC-CO-011-2008	安徽油茶适生区
4	长林53号	国S-SC-CO-012-2008	安徽油茶适生区
5	黄山1号	皖S-SC-CO-002-2008	皖南地区
6	黄山2号	皖S-SC-CO-010-2014	皖南地区
7	黄山6号	皖S-SC-CO-013-2014	皖南地区
8	大别山1号	皖S-SC-CO-022-2014	皖江淮及大别山区

（续）

福建省			
共计	品种名称	审（认）定良种编号	使用区域
1	油茶闽43	闽S-SC-CO-005-2008	福建油茶适生区
2	油茶闽48	闽S-SC-CO-006-2008	福建油茶适生区
3	油茶闽60	闽S-SC-CO-007-2008	福建油茶适生区
4	油茶闽20	闽S-SC-CO-006-2011	福建油茶适生区
5	油茶闽79	闽S-SC-CO-007-2011	福建油茶适生区
6	龙仙1	闽S-SS-CO-026-2011	福建油茶适生区
7	龙仙2	闽S-SS-CO-027-2011	福建油茶适生区
8	龙仙3	闽S-SS-CO-028-2011	福建油茶适生区

江西省			
共计	品种名称	审（认）定良种编号	使用区域
1	长林4号	国S-SC-CO-006-2008	江西油茶适生区
2	长林40号	国S-SC-CO-011-2008	江西油茶适生区
3	长林53号	国S-SC-CO-012-2008	江西油茶适生区
4	赣无2	国S-SC-CO-026-2008	赣东、赣西、赣北、赣中
5	赣70	国S-SC-CO-025-2010	赣东、赣西、赣中
6	赣兴48	国S-SC-CO-006-2007	赣东、赣南
7	赣石84-8	国S-SC-CO-003-2007	赣南、赣西、赣北
8	赣石83-4	国S-SC-CO-025-2008	赣南、赣西、赣北、赣中
9	赣8	国S-SC-CO-020-2008	赣中
10	GLS赣州油1号	国S-SC-CO-012-2002	赣南河东片区、河西片区
11	GLS赣州油2号	国S-SC-CO-013-2002	赣南河东片区、河西片区
12	赣州油1号	国S-SC-CO-014-2008	赣南河东片区、河西片区
13	GLS赣州油5号	国S-SC-CO-010-2007	赣南河东片区、河西片区
14	赣州油7号	国S-SC-CO-017-2008	赣南河东片区、河西片区
15	长林3号	国S-SC-CO-012-2008	江西油茶适生区
16	长林18号	国S-SC-CO-007-2008	江西油茶适生区
17	赣抚20	国S-SC-CO-004-2007	赣东

（续）

18	赣无1	国S-SC-CO-007-2007	赣北
19	赣石84-3	国S-SC-CO-023-2008	江西油茶适生区
20	赣无12	国S-SC-CO-026-2010	江西油茶适生区
21	GLS赣州油4号	国S-SC-CO-009-2007	赣南河东片区
22	赣州油6号	国S-SC-CO-016-2008	赣南河西片区
23	赣州油8号	国S-SC-CO-018-2008	赣南河西片区
24	赣州油9号	国S-SC-CO-019-2008	赣南河西片区
25	赣州油10号	赣S-SC-CO-016-2003	江西油茶适生区
河南省			
共计	**品种名称**	**审（认）定良种编号**	**使用区域**
1	长林4号	国S-SC-CO-006-2008	河南油茶适生区
2	长林18号	国S-SC-CO-007-2008	河南油茶适生区
3	长林40号	国S-SC-CO-011-2008	河南油茶适生区
4	长林53号	国S-SC-CO-012-2008	河南油茶适生区
5	长林3号	国S-SC-CO-005-2008	河南油茶适生区
6	长林23号	国S-SC-CO-009-2008	河南油茶适生区
7	长林27号	国S-SC-CO-010-2008	河南油茶适生区
湖北省			
共计	**品种名称**	**审（认）定良种编号**	**使用区域**
1	长林40号	国S-SC-CO-011-2008	湖北油茶适生区
2	长林4号	国S-SC-CO-006-2008	湖北油茶适生区
3	长林3号	鄂S-SC-CO-004-2012	湖北油茶适生区
4	鄂林油茶151	鄂S-SC-CO-016-2002	湖北油茶适生区
5	鄂林油茶102	鄂S-SC-CO-017-2002	湖北油茶适生区
6	湘林1	国S-SC-CO-013-2006	鄂南、鄂西南
7	湘林XLC15	国S-SC-CO-015-2006	鄂南、鄂西南
8	阳新米茶202号	鄂S-SC-CO-006-2012	鄂南
9	阳新桐茶208号	鄂S-SC-CO-007-2012	鄂南、鄂西南
10	鄂油465号	鄂S-SC-CO-002-2008	鄂东南、鄂北

（续）

11	谷城大红果8号	鄂S-SC-CO-005-2013	鄂北
湖南省			
共计	品种名称	审（认）定良种编号	使用区域
1	华硕	国S-SC-CO-011-2009	湖南油茶适生区
2	华金	国S-SC-CO-010-2009	湘东、湘中、湘南、湘西
3	华鑫	国S-SC-CO-009-2009	湘东、湘中、湘南、湘西
4	湘林1号	国S-SC-CO-013-2006	湖南油茶适生区
5	湘林27号	国S-SC-CO-013-2009	湘东、湘中、湘南
6	湘林63号	国S-SC-CO-034-2011	湘西、湘中、湘南、湘北
7	湘林67号	国S-SC-CO-015-2009	湘东、湘中
8	湘林78号	国S-SC-CO-035-2011	湘东、湘中
9	湘林97号	国S-SC-CO-019-2009	湖南油茶适生区
10	湘林210号	国S-SC-CO-015-2006	湖南油茶适生区
11	衡东大桃2号	湘S-SC-CO-003-2012	湘东、湘中、湘南
12	湘林117号	湘S-SC-CO-055-2010	湘北（寒露籽）
13	湘林124号	湘S-SC-CO-057-2010	湘北（寒露籽）
14	常德铁城一号	湘S0801-Co2	湘北（寒露籽）
广东省			
共计	品种名称	审（认）定良种编号	使用区域
1	岑软2号	国S-SC-CO-001-2008	广东油茶适生区
2	岑软3号	国S-SC-CO-002-2008	广东油茶适生区
3	粤韶75-2	粤S-SC-CO-019-2009	广东韶关地区
4	粤韶77-1	粤S-SC-CO-020-2009	广东韶关地区
5	粤韶74-1	粤S-SC-CO-018-2009	广东韶关地区
6	湘林1	国S-SC-CO-013-2006	韶关地区，梅州、河源地区
7	湘林XLC15	国S-SC-CO-015-2006	韶关地区，梅州、河源地区
8	长林40号	国S-SC-CO-011-2008	梅州、河源地区
9	赣州油1号	国S-SC-CO-014-2008	梅州、河源地区
10	赣兴48	国S-SC-CO-006-2007	梅州、河源地区

（续）

11	粤连74-4	粤S-SC-CO-021-2009	清远地区
12	粤连74-5	粤S-SC-CO-019-2009	清远地区
13	璠龙5号	粤R-SC-CD-004-2016	粤东地区（汕头市、汕尾市、潮州市、揭阳市）
14	璠龙3号	粤R-SC-CD-003-2016	粤东地区（汕头市、汕尾市、潮州市、揭阳市）
15	璠龙1号	粤R-SC-CD-002-2016	粤东地区（汕头市、汕尾市、潮州市、揭阳市）
16	璠龙2号	粤R-SC-CD-001-2016	粤东地区（汕头市、汕尾市、潮州市、揭阳市）
广西壮族自治区			
共计	**品种名称**	**审（认）定良种编号**	**使用区域**
1	岑软3号	国S-SC-CO-002-2008	广西油茶适生区
2	岑软24号	桂S-SC-CO-003-2016	广西油茶适生区
3	岑软11号	桂S-SC-CO-001-2016	桂中、桂北
4	岑软3-62	桂S-SC-CO-011-2015	桂中、桂北
5	岑软22号	桂S-SC-CO-002-2016	桂北
6	岑软2号	国S-SC-CO-001-2008	桂南、桂中
7	岑软ZJ24	桂S-SC-CO-010-2015	桂中
8	岑软ZJ11	桂S-SC-CO-008-2015	桂南
9	岑软ZJ14	桂S-SC-CO-009-2015	桂南
海南省			
共计	**品种名称**	**审（认）定良种编号**	**使用区域**
1	琼东2号	琼R-SC-CO-001-2016	东部、中部、南部、北部
2	琼东8号	琼R-SC-CO-002-2016	东部、中部、南部、北部
3	琼东9号	琼R-SC-CO-003-2016	东部、中部、南部、北部
4	‘海油1号’油茶	琼R-SC-CV-004-2016	东部、中部、南部、北部
5	‘海油2号’油茶	琼R-SC-CV-005-2016	东部、中部、南部、北部
6	‘海油3号’油茶	琼R-SC-CV-006-2016	东部、中部、南部、北部
7	‘海油4号’油茶	琼R-SC-CV-007-2016	东部、中部、南部、北部

（续）

8	海大油茶1号	琼R-SC-CV-008-2016	琼海
9	海大油茶2号	琼R-SC-CV-009-2016	琼海
重庆市			
共计	**品种名称**	**审（认）定良种编号**	**使用区域**
1	渝林油1号	渝S-ETS-CO-007-2015	重庆油茶适生区
2	湘林210	渝S-ETS-CO-008-2015	重庆油茶适生区
3	长林3号	渝S-ETS-CO-009-2015	重庆油茶适生区
4	长林4号	渝S-ETS-CO-010-2015	重庆油茶适生区
5	长林53号	渝S-ETS-CO-011-2015	重庆油茶适生区
四川省			
共计	**品种名称**	**审（认）定良种编号**	**使用区域**
1	川林01	川R-SC-CO-024-2009	四川油茶适生区
2	达林—1	川R-SC-CO-026-2009	东北部
3	江安—24	川R-SC-CO-022-2010	江安县
4	江安—54	川R-SC-CO-023-2010	江安县
5	翠屏—7	川R-SC-CO-024-2010	宜宾市翠屏区
6	川荣—153	川R-SC-CO-030-2009	四川油茶适生区
7	川荣—156	川R-SC-CO-031-2009	四川油茶适生区
8	川富—53	川R-SV-CO-041-2013	自贡市
贵州省			
共计	**品种名称**	**审（认）定良种编号**	**使用区域**
1	湘林210号	国S-SC-CO-015-2006	东部、东南部
2	黔玉1号	黔R-SC-CO-08-2014	东部
3	黔碧1号	黔R-SC-CO-10-2014	东部
4	长林4号	国S-SC-CO-006-2008	东南部
5	黎平2号	黔R-SC-CM-04-2014	东南部
6	黎平3号	黔R-SC-CM-05-2014	东南部
7	长林3号	国S-SC-CO-005-2008	东南部
8	长林40号	国S-SC-CO-011-2008	东南部

（续）

9	湘林97	国S-SC-CO-019-2009	东部、东南部
10	湘林27	国S-SC-CO-013-2009	东部、东南部
11	黔油1号	黔R-SC-CO-005-2016	西南部
12	黔油2号	黔R-SC-CO-006-2016	西南部
13	黔油3号	黔R-SC-CO-007-2016	西南部
14	黔油4号	黔R-SC-CO-008-2016	西南部
15	望油1号	黔R-SC-CO-12-2014	西南部
云南省			
共计	**品种名称**	**审（认）定良种编号**	**使用区域**
1	云油茶3号	云S-SV-CO-002-2016	东南部
2	云油茶4号	云S-SV-CO-003-2016	
3	云油茶9号	云S-SV-CO-004-2016	
4	云油茶13号	云S-SV-CO-005-2016	
5	云油茶14号	云S-SV-CO-006-2016	
6	腾冲1号腾冲红花油茶优良无性系	云S-SC-CR-010-2014	西部
陕西省			
共计	**品种名称**	**审（认）定良种编号**	**使用区域**
1	长林40号	S-SC-CO-011-2008	南部
2	长林4号	S-SC-CO-006-2008	
3	长林18号	S-SC-CO-007-2008	
4	汉油7号	陕S-SC-CH-008-2016	南部
5	汉油10号	陕S-SC-CH10-009-2016	南部
6	亚林所185号	陕S-ETS-CY-010-2016	南部
7	亚林所228号	陕S-ETS-CY228-011-2016	南部

附表2 油茶生产月历及主要农事

月份	发育期	主要农事			
		新建基地或幼林	投产林管理 低产林改造	苗圃	采穗圃
1	休眠期	造林 施肥修剪	垦复 施基肥 移栽补植	苗木排水防冻 种子贮藏管理 移杯	垦复 施基肥
2	根系活动	造林 施肥修剪	修剪 大苗移栽补植	苗木排水防冻 修筑苗床 种子催芽、播种	修剪 追施复合肥
3	萌动期	容器苗造林	容器苗补植 老树锯干复壮	床面施肥 材料准备 砧木培育	基地管护
4	萌芽期	培蔸除草 防虫	林地除草	灭草松表土 搭建荫棚 砧木培育	防虫防病
5	抽梢期	除草防虫 部分地区雨季容器苗可造林	大树嫁接换冠	床面消毒 嫁接育苗	林地除草 剪接穗
6	花芽分化	除草盖蔸抗旱 施肥 部分地区雨季容器苗可造林	施促花芽肥 植株管护 适时除保湿罩 立支柱护接穗	开始揭膜 喷药防病 除萌除草 施用追肥	剪接穗
7	花芽分化 果实膨大	抗旱保苗 防治油茶象甲	挖竹节沟保水 林地劈草覆盖 改造植株保护	除萌除花除草 注意排水 继续追肥	施追肥 除花芽
8	果实膨大	抗旱保苗 整地	基地管护	除萌除花除草 注意排灌继续追肥	劈草覆盖 摘心
9	长油期	秋季抚育 绿肥埋青 防治蛀干虫害，蛀茎虫、茶天牛 整地	采前劈草 适时撤除遮荫罩	继续做好管理 适时撤除荫棚 及时浇水施肥	病虫害防治、抚育
10	果熟期	摘花蕾 整地	采收 种子处理	起苗进容器 准备次年种子 种子贮藏	摘花蕾
11	根系生长	容器造林 施肥 修剪	榨油	防风、防冻 苗木销售准备	修枝整形
12	休眠期	造林 林地挖带 施肥 修剪	榨油 施肥 林地深挖带挖竹节沟 保护改造植株	苗木销售 选择新圃地 圃地整理	垦复 施基肥